Unterrichtspraxis

Biologie

Band 5

Bau und Lebensweise von Wirbeltieren

Teil 2: Vögel, Säugetiere und Mensch

Autor:
Wolfgang Klemmstein

Herausgeber:
Harald Kähler

Bibliografische Information der Deutschen Nationalbibliothek
Die Deutsche Nationalbibliothek verzeichnet diese Publikation in der Deutschen Nationalbibliografie; detaillierte bibliografische Daten sind im Internet über *http://dnb.d-nb.de* abrufbar.

Unterrichtspraxis Biologie · **Reihenübersicht:**

1 Zellen · Bakterien · Viren
2 Bau und Lebensweise von Samenpflanzen*
3 Bau und Lebensweise von samenlosen Pflanzen*
4 Stoffwechsel bei Pflanzen*
5 Bau und Lebensweise von Wirbeltieren*
6 Bau und Lebensweise von Haustieren
7 Bau und Lebensweise von wirbellosen Tieren*
8 Stoffwechsel beim Menschen*
9 Sinnesorgane des Menschen*
10 Hormon- und Nervenphysiologie beim Menschen*
11 Menschliche Sexualität und Entwicklung*
12 Mensch und Gesundheit
13 Mensch und Umwelt
14 Grundlagen der Vererbungslehre
15 Grundlagen der Abstammungslehre*
16 Grundlagen der Verhaltenslehre*
17 Wechselbeziehungen im Lebensraum Wald*
18 Wechselbeziehungen im Lebensraum See*
19 Wechselbeziehungen im Lebensraum Moor*
20 Wechselbeziehungen im Lebensraum Boden*
21 Wechselbeziehungen im Lebensraum Fließgewässer*

* Bereits erschienen

Abkürzungen allgemein:

AMA	=	Arbeitsmittel für Arbeitsprojektion
AT	=	Farbfolie (in Medientasche)
D	=	Deutschland
f	=	farbig
L	=	Lehrer / Lehrerin
SuS	=	Schüler und Schülerinnen
SoS	=	Schüler oder Schülerinnen
UE	=	Unterrichtseinheit

Abkürzungen Zeitschriften:

BIUZ	=	Biologie in unserer Zeit
PdN-BioS	=	Praxis der Naturwissenschaften – Biologie in der Schule
Spektrum	=	Spektrum der Wissenschaften
UB	=	Unterricht Biologie

Best.-Nr. A 302790
© Alle Rechte bei Aulis Verlag in der Stark Verlagsgesellschaft, 2011
Umschlaggestaltung, Satz, Grafik: Eva M. Schwoerbel, Text & Form Kommunikation, Düsseldorf
Biologische Zeichnungen: Brigitte Karnath, Wiesbaden
ISBN 978-3-7614-2790-3

Titelfoto:
Mandarinente
Foto: © Annamartha/pixelio.de

Der Verlag möchte an dieser Stelle für die freundliche Genehmigung zum Nachdruck von Copyright-Material danken. Trotz wiederholter Bemühungen ist es nicht in allen Fällen gelungen, Kontakte mit den Copyright-Inhabern herzustellen. Für diesbezügliche Hinweise wäre der Verlag dankbar.

Das vorliegende Werk wurde sorgfältig erarbeitet. Dennoch übernehmen Autoren, Herausgeber und Verlag für die Richtigkeit von Angaben, Hinweisen und Ratschlägen sowie für eventuelle Druckfehler keine Haftung. Das Werk und alle seine Bestandteile sind urheberrechtlich geschützt. Jede vollständige oder teilweise Vervielfältigung, Verbreitung und Veröffentlichung bedarf der ausdrücklichen Genehmigung des Verlages.

Inhalt

Vorwort		5
IV. UE:	**Vögel**	6
IV.1	Sachinformationen	7
IV.2	Informationen zur Unterrichtspraxis	12
IV.2.1	Einstiegsmöglichkeiten	12
IV.2.2	Erarbeitungsmöglichkeiten	12
	Material IV./M 1: Was ist ein Vogel?	18
	Material IV./M 2: Eine Feder	19
	Material IV./M 3: Der Vogelflügel	20
	Material IV./M 4: Wie entsteht Auftrieb am Vogelflügel?	21
	Material IV./M 5: Die Vogellunge	22
	Material IV./M 6: Lungenatmung bei Vögeln	23
	Material IV./M 7: Hudern	24
	Material IV./M 8: Temperaturregulation	25
	Material IV./M 9: Wärmeeinsparung	26
	Material IV./M 10: Sinne	27
	Material IV./M 11: Vogelvielfalt	28
	Material IV./M 12: Lebensräume und Artendichte	29
	Material IV./M 13: Singvögel im Garten	30
	Material IV./M 14: Gruppenbildung	31
	Material IV./M 15: Vogelzug	32
	Material IV./M 16: Vogelzug: Orientierung	33
IV.2.3	Lösungshinweise zu den Aufgaben der Materialien	34
IV.3	Medieninformationen	37
IV.3.1	Audiovisuelle Medien	37
IV.3.2	Zeitschriften	40
IV.3.3	Bücher	43
V. UE:	**Säugetiere**	44
V.1	Sachinformationen	45
V.2	Informationen zur Unterrichtspraxis	51
V.2.1	Einstiegsmöglichkeiten	51
V.2.2	Erarbeitungsmöglichkeiten	52
	Material V./M 1: Klasse Säugetiere	56
	Material V./M 2: Mit Haut und Haaren	57
	Material V./M 3: Vorfahren	58
	Material V./M 4: Skelett eines Wolfs	59
	Material V./M 5: Skelett einer Katze	60
	Material V./M 6: Großkatzen der Welt	61
	Material V./M 7: Fortbewegungsarten: Spezialisierungen	62
	Material V./M 8: Gangarten	63
	Material V./M 9: Gehen mit den Händen	64
	Material V./M 10: Nahrungsspezialisten	65
	Material V./M 11: Der Wiederkäuermagen – 1	66
	Material V./M 12: Der Wiederkäuermagen – 2	67
	Material V./M 13: Nachtgeister	68
	Material V./M 14: Überleben in der Wüste	69
V.2.3	Lösungshinweise zu den Aufgaben der Materialien	70
V.3	Medieninformationen	73
V.3.1	Audiovisuelle Medien	73
V.3.2	Zeitschriften	75
V.3.3	Bücher	77

Inhalt

VI. UE:	**Mensch (Skelett und Bewegung)**	78
VI.1	Sachinformationen	79
VI.2	Informationen zur Unterrichtspraxis	81
VI.2.1	Einstiegsmöglichkeiten	81
VI.2.2	Erarbeitungsmöglichkeiten	81
	Material VI./M 0: Wer gehört zu wem?	85
	Material VI./M 1: Das menschliche Skelett	86
	Material VI./M 2: Die Funktion der Wirbelsäule	87
	Material VI./M 3: Die Wirbelsäule	88
	Material VI./M 4: Beweglichkeit der Wirbelsäule	89
	Material VI./M 5: Bandscheibenvorfall	90
	Material VI./M 6: Gelenke und Beweglichkeit	91
	Material VI./M 7: Die Extremitäten im Vergleich	92
	Material VI./M 8: Funktionen der Hand	93
	Material VI./M 9: Der menschliche Fuß	94
VI.2.3	Lösungshinweise zu den Aufgaben der Materialien	95
VI.3	Medieninformationen	96
VI.3.1	Audiovisuelle Medien	96
VI.3.2	Zeitschriften	97
VI.3.3	Bücher	98
VI.3.4	Broschüren	98

Vorwort

Mit der Buchreihe **Unterrichtspraxis Biologie** sollen den Lehrerinnen und Lehrern Unterrichtshilfen für den Biologieunterricht in den Klassen 5 – 10 aller Schulformen gegeben werden. Diese Unterrichtshilfen verstehen sich als Anregung für die Planung und Durchführung eines zeitgemäßen Biologieunterrichts.

Jeder Band dieser Buchreihe impliziert mehrere Unterrichtseinheiten zu dem jeweiligen Themenbereich. Der vorliegende Band „Bau und Lebensweise von Wirbeltieren II: Vögel, Säugetiere und Mensch" enthält drei Unterrichtseinheiten. Jeder Unterrichtseinheit werden Lernvoraussetzungen, ein Sequenzvorschlag inhaltlicher Schwerpunkte mit möglicher Zeitplanung sowie sachinformative Hinweise vorangestellt. Die Sachinformationen zielen auf sachanalytische Aspekte ab, die aus Gründen der Übersicht im Glossarstil aufgezeigt werden. Sie können und wollen jedoch kein Schülerbuch ersetzen.

Eine didaktische und methodische Akzentsetzung mit unterrichtlichen Hinweisen erfolgt in den **Informationen zur Unterrichtspraxis**. Sie bilden mit den dazugehörigen **MATERIALIEN** den Schwerpunkt einer jeden Unterrichtseinheit (UE). Dabei werden Lernschritte i. S. der Differenzierung alternativ angeboten. Die Strukturierung von Lernprozessen in Lernschritte erfolgt nach einem problemorientierten Ansatz i. S. naturwissenschaftlicher Erkenntnisgewinnung bei einem induktiv erarbeitenden Unterrichtsverfahren: *Beobachtung eines biologischen Phänomens* → *Problem* → *Bildung von Vermutungen* (Hypothesen) → *Falsifikation bzw. Verifikation der Vermutungen* → *Ergebnis* → *Vertiefung* und *Ausweitung* → *Erkenntnis*. Von den resultierenden unterrichtlichen Phasen (*Einstieg mit Problemsituation* → *Lösungsplanung* → *Erarbeitung* → *Ergebnis* → *Festigung*) sind nur **Einstiegs- und Erarbeitungsmöglichkeiten** angegeben. Durch diesen Verzicht auf Stundenbilder bleibt der Freiraum für die Kolleginnen und Kollegen erhalten. Die Lernschrittsequenz ist nur als Vorschlag i. S. einer Anregung zu verstehen. Sie soll in übersichtlicher Form die Vorbereitung und Durchführung von Unterricht erleichtern. Daher wurde auch aus zeitökonomischen Gründen auf didaktische und methodische Begründungen verzichtet.

Die Gliederung erfolgt übersichtlich in zwei Spalten: Die erste Spalte impliziert die Lernschritte, die zweite die zugehörigen Unterrichtsmittel. In der zweiten Spalte werden alle notwendigen Medien aufgeführt unter Integration der zugehörigen **MATERIALIEN** als Kopiervorlagen sowie der Medientasche. Die MATERIALIEN können als „materialgebundene AUFGABEN", „EXPERIMENTE" oder „MODELLE" konzipiert sein. Alle MATERIALIEN können jedoch unterrichtlich wie materialgebundene AUFGABEN verwendet werden. Die in der Kopfleiste angegebene Materialien-Form stellt die primär konzipierte dar, kann jedoch nach individuellem Ermessen auch verändert eingesetzt werden. Die materialgebundenen AUFGABEN stellen nicht nur eine Arbeitsunterlage im Unterricht dar, sondern können als Hausaufgabe, in Arbeitstests oder als Bestandteil von Klassenarbeiten verwendet werden. Durch Kombination von mehreren materialgebundenen Aufgaben lässt sich z. B. eine Klassenarbeit erstellen.

Die in der Medienspalte aufgeführten Filme und Diareihen werden in der Rubrik **Medieninformationen** in der Regel durch Annotationen, Kurzfassungen und unterrichtliche Anmerkungen detaillierter dargestellt. Dies gilt ebenso für empfohlene, vertiefende, leicht zugängliche Fachliteratur wie Zeitschriftenartikel und Bücher. In der beigefügten Medientasche befinden sich außerdem drei Farbfolien (AT).

Noch eine Bitte: Kein Autor, kein Herausgeber und kein Verlag sind gegen Fehler unterschiedlicher Art sowie gegen subjektive Betrachtung und Unzulänglichkeit gefeit. Daher bitten wir alle Benutzer von Unterrichtspraxis Biologie herzlich um Kritik; entsprechende Hinweise werden wir dankbar aufnehmen.

Der Umfang der Thematik machte eine Aufteilung des geplanten Bandes 5 in die Teilbände 5/I und 5/II erforderlich. Die drei Wirbeltiergruppen Fische, Amphibien und Reptilien sind dem Band 5/I zugeordnet, die beiden Wirbeltiergruppen Vögel und Säugetiere sowie der Knochenbau des Menschen dem Band 5/II.

Verlag *Dr. Harald Kähler (Herausgeber)*

IV. Unterrichtseinheit: Vögel

Lernvoraussetzungen:
Keine, evtl. allgemeine Kenntnisse zu Atmung und Temperaturregulation beim Menschen.

Gliederung:

```
┌─────────────────────────────────────────────────────────┐
│              1. Federn und Fliegen                      │
└─────────────────────────────────────────────────────────┘
                            │
                            ▼
┌─────────────────────────────────────────────────────────┐
│   2. Vogelphysiologie: Atmung, Temperaturregulation, Sinne │
└─────────────────────────────────────────────────────────┘
                            │
                            ▼
┌─────────────────────────────────────────────────────────┐
│           3. Lebensräume und Artenvielfalt              │
└─────────────────────────────────────────────────────────┘
                            │
                            ▼
┌─────────────────────────────────────────────────────────┐
│            4. Vogelzug und Orientierung                 │
└─────────────────────────────────────────────────────────┘
```

Zeitplanung:
Für die UE sind mindestens 16 Unterrichtsstunden einzuplanen; je nach Intensität der Besprechungen ergibt sich weiterer Zeitbedarf.

IV.1 Sachinformationen

Allgemein: Vögel
Merkmale: Die Vögel besitzen den typischen bilateralsymmetrischen Bauplan aller Landwirbeltiere, bei denen an der zentralen Wirbelsäule zwei Paar Extremitäten ansetzen. Mit den Reptilien und den Säugern bilden sie durch den Besitz einer Embryonalhülle, dem Amnion, die Gruppe der Amnioten.
Die rezenten Vögel unterscheiden sich durch den Besitz von Federn von allen heutigen Wirbeltieren. Die sonstigen, als vogel-typisch angesehenen Merkmale findet man auch bei anderen Wirbeltieren (in Auswahl vgl. IV.2.3 Lösungshinweise zu IV./M 1). Stammesgeschichtlich ist die Bestimmung, was ein Vogel ist, nach den Fossilfunden der letzten Jahrzehnte schwierig. Viele der heute als typisch für Vögel angesehenen Merkmale sind zu verschiedenen Zeiten in der Theropoden-Evolution entstanden. Hierzu gehören u. a. die Zweibeinigkeit, die luftgefüllten Röhrenknochen, die Reduktionen der Finger, die Brutfürsorge, die einzeln in Nestern abgelegten Eier – und, nach neuesten Funden gefiederter Dinosaurier, auch die Federn. Damit ist für die meisten Forscher ein weiterer Beleg für die Theropoden-Abstammung (s. u.) der Vögel gegeben. Und sie stellen gleichzeitig fest, dass Federn vor dem Auftreten von Vögeln und vor dem Vogelflug entstanden sind. Als Schlüsselmerkmal für die Abgrenzung der Vögel könnten Federn zumindest stammesgeschichtlich nicht mehr dienen.

Abstammung
Die Mehrheit der Forscher geht heute davon aus, dass die Vögel am nächsten mit den bipeden, carnivoren Theropoden verwandt sind. Ihr Ursprung wird damit in die Zeit des Frühen Jura datiert. Abweichende Meinungen vertreten eine Archosaurier-Abstammung und damit eine frühere Trennung von den Dinosauriern, wobei sich eine Nähe zu den in der Stammesentwicklung ebenfalls früh abgezweigten Krokodilen ergibt.

Evolutionsgeschichte
Stammesgeschichtlich sind die Vögel die jüngste Klasse der Wirbeltiere. Ihre gesicherte Fossilgeschichte beginnt mit dem berühmten Archaeopteryx von Solnhofen aus dem Späten Jura (vor 145 Mio. Jahren). Ältere Funde aus der Späten Trias (Protoavis, 225 Mio. Jahre) sind sehr fragmentarisch und deshalb umstritten. Beginnend mit Formen wie Sinornis, der einen ausgeprägtem Brustbeinkamm und eine verwachsene Schwanzwirbelsäule (Pygostyl) besaß, dominierte in der Kreidezeit die Gruppe der enantiornithen Vögel, der „Gegenvögel". Deren Mittelfußknochen waren nur am oberen Ende verwachsen und bildeten nicht wie bei heutigen Vögeln durch Verwachsung auf ganzer Länge von unten nach oben einen Lauf (Tarsometatarsus). Die Enantiornithes starben wie die Dinosaurier am Ende der Kreidezeit (vor 65 Mio. Jahren) aus. Ebenfalls starb die kleinere Gruppe der Ornithurines aus, wozu die bekannten Zahntaucher (Hesperornithoformes) gehörten. Der Ursprung der heutigen Vögel, die man zur Gruppe der Neoornithes („Neuvögel") rechnet, liegt in der Oberen Kreide. Von diesen überlebten das Kreide-Tertiär-Aussterben nur einige Gruppen. Die Vielfalt der Formen entstand in einer explosiven Radiation zu Beginn des Tertiär. Flugunfähige Laufvögel entstanden dabei sehr früh in der Stammesgeschichte, die Vielfalt der Sperlingsvögel (Passerines), als heute artenreichste Gruppe, dagegen erst später.

Federn
Der Körper eines Vogels ist mit Federn besetzt. Die sich in Art und Funktion unterscheidenden Federn bilden das Gefieder. Es dient beispielsweise der Wärmeisolierung und der Ausbildung von Flügelflächen für das Fliegen. Das Gefieder bestimmt auch die äußere Erscheinung (Tarnung) sowie die Form des Körpers. Im Sozialverhalten, man denke an die Balz, kann das gesamte Gefieder oder eine einzelne Struktur Signalcharakter haben.
Die Federn werden in zwei Großgruppen unterteilt:

1. Konturfedern (Pennae conturae). Alle Konturfedern besitzen zumindest teilweise eine geschlossene Fahne (s. u.). Sie bilden sowohl das Kleingefieder zur Körperbedeckung, als auch das Großgefieder, das eigentliche Fluggefieder. Es besteht aus den Hand- und Armschwingen des Flügels sowie den Steuerfedern des Schwanzes.
Eine Konturfeder besteht aus dem Federkiel (Scapus) und der daran ansetzenden Fahne (Vexillum).
Der Kiel gliedert sich in den basalen Teil, die Spule (Calamus), mit der die Feder in der Haut verankert ist, und den Schaft (Rhachis), der aus der Haut heraus ragt und die Fahne trägt. Die Spule ist rund, hohl und an der Unterseite offen (Nabel). Der Schaft ist aus mit Luft gefüllten Kammern solider aufgebaut und besitzt auf der Unterseite eine stabilisierende Rinne.
Die Federfahne wird aus den vom Schaft seitlich abzweigenden Ästen (Rami) mit ihren beidseitigen Strahlen (Radii) gebildet. Die zur Spitze der Feder hin (nach distal) liegenden Strahlen sind mit Häkchen versehen (Hakenstrahlen), zum Federansatz hin (proximal) orientierte Strahlen besitzen auf der Oberseite eine umgebogene Krempe (Bogenstrahlen). Haken- und Bogenstrahlen überlagern sich und bilden ein Verhakungsfeld, indem die Häkchen der Hakenstrahlen in den Krempen der Bogenstrahlen einhaken. Da die Strahlen im spitzen Winkel abzweigen, übergreift jeder Hakenstrahl mehrere Bogenstrahlen, wodurch eine stabil-elastische Fläche entsteht. Werden diese Verbindungen auseinandergerissen, kann die Fläche durch Glattstreichen beim Gefiederputzen wiederhergestellt werden (Prinzip des Klettverschlusses).
Die Fahnen der Federn im Fluggefieder sind je nach Position asymmetrisch in eine schmale Außenfahne und eine breitere Innenfahne geteilt. Die Federn der Körperbedeckung (Kleingefieder) sind im unteren Teil, wo sich die Federn überlagern, ohne Häkchen und deshalb dunig frei. Bei einigen Vogelgruppen besitzen viele Konturfedern zum Körper hin (ventral) eine sogenannte Afterfeder, die zwischen Schaft und Spule entspringt und das dunige Federkleid verdichtet.

2. Dunenfedern (Plumae). Dunen (nicht fachsprachlich auch Daunen oder Flaumfedern) besitzen keine festgefügte Fahne und ihr Schaft ist kürzer als die längsten Äste oder fehlt ganz. Ohne die Häkchen des Verankerungssystems sind die Federäste aufgelöst und halten – durch Reibung elektrisch aufgeladen – Abstand voneinander, sodass ein luftgefüllter Raum entsteht. Dunenfedern dienen der Wärmeisolierung. Bei Jungtieren der Nestflüchter bilden sie hauptsächlich das Gefieder. Bei erwachsenen Vögeln sind sie hauptsächlich unter den Konturfedern zu finden. Bei Halbdunen ist der Schaft länger als der längste Ast. Auch sie sitzen unter den Konturfedern, allerdings meist entlang der Grenzen der Federnfluren, der Gebiete mit Konturfedern.

Die jüngsten chinesischen Fossilfunde von Dinosauriern mit Federn unterschiedlicher Entwicklungsstadien erlauben zusammen mit entwicklungsbiologischen Untersuchungen erstmals eine begründete Hypothese über die evolutive Entstehung der Feder: Danach ist die rezente, hochentwickelte asymmetrische Flugfeder (wie sie allerdings schon bei Archaeopteryx vor rd. 135 Mio. Jahren vorkommt), in fünf aufeinander aufbauenden Schritten in der Stammesgeschichte bipeder räuberischer Dinosaurier entstanden.
Das erste Stadium zeigte nur eine unverzweigte längliche Röhre, die sich aus der Haut erhob und am Ansatz einen sogenannten Epidermalkragen besaß.
Im zweiten Stadium differenzierte sich dieser Kragen in eine innere und eine äußere Schicht, die Schutz bot, während im Inneren säulenartig die Federäste ausgebildet wurden. Eine solche Feder sah büschelförmig aus. Röhrengebilde auf der Haut wie auch fedrige Büschel zeigt der hühnergroße Coelosaurier *Sinosauropteryx*.
Das dritte Stadium war eine Feder, die bereits eine breite, flache Fahne besaß, bei der aber die Federstrahlen noch nicht miteinander verzahnt waren. Um dies zu erreichen mussten zwei evolutive Neuerungen zusammenkommen: die Entstehung eines Schaftes und die Ausbildung von Strahlen an den Federästen.
Im vierten Stadium entstand die Verzahnung der kleinen Strahlen, wodurch eine feste geschlossene Federfahne entstand, die Luftwiderstand bot, allerdings zunächst noch symmetrisch war. Solche Konturfedern besaß der truthahngroße Oviraptor *Caudipteryx* an der Schwanzspitze und an den Vorderextremitäten.
Die geschlossene Konturfeder bildete dann die Grundlage für die Evolution des fünften Stadiums, der flugtauglichen Schwungfeder mit geschlossener, asymmetrischer Fahne. Diese finden wir bei Vögeln, aber auch bei dem „vierflügligen" Theropoden *Microraptor,* der über Federn an allen vier Extremitäten verfügte und offenbar zum Gleitflug fähig war.
Lange Zeit dienten Federn also anderen Zwecken als dem Fliegen. Immer noch bleiben frühere Vermutungen aktuell: Federn dienten ihren Trägern als Wärmeisolierung, als Schutz vor Wasser, der Tarnung oder dem Erfolg bei der Balz … und später zum Fliegen.

Federnflure
Der Vogelkörper ist nicht vollständig von Konturfedern besetzt. Die Körperoberfläche zeigt ein bestimmtes Verteilungsmuster zwischen Federnfluren mit Konturfedern und nackten Federrainen.

Fittich
Sprachlich gehobene Bezeichnung für „Flügel".

Flügel
Der gefiederte Arm der Vögel wird als Flügel (geh. Fittich, ugs. auch Schwinge) bezeichnet. Die Federn der Flügel sind am Armskelett in Gruppen mit verschiedenen Aufgaben angeordnet. Die Federn liegen dachziegelartig übereinander und bilden eine stabil-elastische Fläche von geringem Gewicht.
An der Hand setzen 10 Handschwingen an, die vom Handgelenk ausgehend nach außen nummeriert werden. Meist setzen die Federn 1 bis 6 an der Mittelhand, die Federn 7 bis 10 an den Fingern an. Die Armschwingen inserieren an der Elle des Unterarms. Häufig sind es ebenfalls 10 Federn, die zum Körper hin gezählt werden.

Ihre Anzahl schwankt aber stärker und ist abhängig von der Länge des Arms. Beispielsweise besitzt der Albatross 38 bis 40 Armschwingen, der Kolibri nur 6. Hand- und Armschwingen werden mit einem Bindegewebsband in ihrer Lage gehalten.

Auf diesen Schwungfedern (Remiges) liegen verschiedene Gruppen von Deckfedern (große, mittlere und kleine Armdecken, große Handdecken, Randdecken) auf. Sie verkleiden den Flügel und schaffen eine aerodynamisch günstige Form.

Am reduzierten Daumen (1. Finger) der Hand setzen ebenfalls Schwung- und Deckfedern an. Sie bilden den sogenannten Neben- oder Afterfittich (Alula), der im Flug Luftwirbel auflöst und bei der Landung abgespreizt wird.

Als Anpassung an den Flug ist das Armskelett des Vogels im Vergleich zur fünfstrahligen Landwirbeltier-Extremität stark abgewandelt. Dies trifft am wenigsten auf den Oberarm (Humerus) zu, an dem die Flugmuskulatur ansetzt. Beim Unterarm fällt auf, dass die Elle (Ulna) im Vergleich zur Speiche (Radius) deutlich stärker ist: Hier entspringen die Armschwingen. Die größte Abwandlung zeigt die Vogelhand: Die ansonsten aus vielen kleinen Knochen bestehende Handwurzel ist auf zwei Knochen reduziert, die aus komplizierten Verschmelzungen in der Embryonalentwicklung hervorgehen. Von den Mittelhandknochen sind noch zwei zu identifizieren, die aber zur Handwurzel hin (proximal) ebenfalls aus Verwachsungen zwischen Mittelhand- und Handwurzelknochen bestehen. Die Zahl der Finger ist auf drei reduziert, die außerdem nur ein- bzw. zwei Glieder besitzen. Die Homologisierung der Finger ist umstritten. Meist wird der zur Handwurzel zurückversetzte Finger als Daumen (1. Finger) angesehen.

Gegenstrom-Wärmeaustausch

Viele Vögel und Säuger, die in kalter Umgebung leben, besitzen zur Reduzierung des Wärmeverlusts bei der Durchblutung der Extremitäten eine besondere Anordnung der Gefäße. Arterien, die warmes Blut aus dem Körperkern herantransportieren, und Venen, in denen das beispielsweise in den Füßen abgekühlte Blut zurück zum Herzen fließt, liegen eng nebeneinander und das Blut fließt in Arterien und Venen entgegengesetzt. Hierdurch kann in kalter Umgebung aus den Arterien Wärme auf das kältere Blut der Venen übertragen und ins Körperinnere zurücktransportiert werden. Die Wärmeübertragung hängt von der Temperaturdifferenz zwischen den beiden Gefäßen ab. Der Gegenstrom erhöht den Wärmeübertritt in die Venen, weil er über die gesamte Strecke des gemeinsamen Verlaufs einen Temperaturgradienten erzeugt. Durch den Wärmeabzug aus den Arterien werden die Füße weniger stark erwärmt und der Wärmeverlust an die Umgebung, der von der Temperaturdifferenz zwischen den Füßen und der Umgebung abhängt, wird möglichst gering gehalten. Meist wird die Wirkung des Gegenstrom-Wärmeaustauschs durch das Schließen von Oberflächengefäßen (Anastomosen) verstärkt. Die Durchblutung der Füße kann deshalb sehr stark schwanken. Kälteangepasste Enzyme und Fette sowie Nerven, die noch bei Temperaturen knapp über dem Gefrierpunkt arbeiten, stellen sicher, dass die Extremitäten nicht absterben.

Gruppenbildung

Die Verhaltensökologie erklärt die evolutive Entstehung von anonymen Verbänden mit dem Konzept der „egoistischen Herde". Dieses geht von der Beobachtung aus, dass sich Herden oder Schwärme meist nur auf offenen Flächen oder im offenen Raum des Wassers oder der Luft bilden. Dort ist die Gefahr groß, von Fressfeinden angegriffen zu werden. Meistens werden dabei die Randtiere oder von den anderen abgesonderte Individuen erbeutet. Deshalb schreibt die Theorie der „egoistischen Herde" dem von außen auf eine Herde oder einen Schwarm wirkenden Räuberdruck eine die Aggregation fördernde selektive Wirkung zu.

Ausgehend von einer zunächst verstreuten Verteilung der Tiere, versucht jedes vor der Gefahr, die von außen durch den Räuber droht, näher zusammenzurücken. Denn jedes einzelne Tier ist von einer individuellen Gefahrenzone umgeben, in der es vom Beutegreifer bevorzugt angefallen würde, weil es ihm am nächsten ist. Die Gefahrenzone besteht jeweils aus der Hälfte des Abstands zum nächsten Nachbarn. Die Annäherung an den Nachbarn bewirkt also eine Verkleinerung der individuellen Gefahrenzone und damit eine erhöhte Überlebens- und Fortpflanzungschance.

Hinzu kommt der „Konfusionseffekt" für den Beutegreifer, z. B. wenn ein ganzer Schwarm von Vögeln oder auch ein Fischschwarm plötzlich davon fliegt bzw. schwimmt. Häufig teilt sich dabei der Schwarm und der Angreifer stößt in die Mitte hinein ins Leere. Experimente mit einem abgerichteten Habicht haben ergeben, dass die Jagderfolge eines Habichts negativ mit der Größe eines angegriffenen Taubenschwarms korreliert.

Darüber hinaus bietet die Gruppe dem Einzeltier den Vorteil, dass die notwendige Aufmerksamkeit von vielen geleistet wird. Hierdurch ergibt sich bei einem geringeren Beitrag des einzelnen Tieres eine insgesamt erhöhte Wachsamkeit der Gruppe. Dadurch haben Individuen, die beispielsweise in der Gruppe Futter suchen, mehr Zeit für die Nahrungssuche. Die Gruppengröße ergibt sich dann als Kompromiss aus den Vorteilen einer größeren Gruppe und der mit der Gruppengröße zunehmenden Nahrungskonkurrenz zwischen den Individuen. Gruppenbildungen können in bestimmten Fällen auch durch physiologische oder physikalische Ursachen bedingt sein. Beispielsweise übernachten Baumläufer bei großer Kälte in Gruppen, um sich gegenseitig zu wärmen. Auch der Flug im Verband spart Energie, denn in der Nähe eines abschlagenden Flügels entsteht ein Aufwind. Alle nachfolgenden Tiere profitieren davon in einer Keilform oder anderen Formationen von Kranichen, Gänsen u. a.

Kerntemperatur

Die Regelung und Aufrechterhaltung der hohen Körpertemperatur bei Homöothermen bezieht sich auf den Kernbereich des Körpers, in dem die lebenswichtigen inneren Organe liegen. Randbereiche und Extremitäten können deutlich kühler sein als die geregelte Körpertemperatur. Die konstante Körper-Kern-Temperatur liegt bei Vögeln 2–5 °C höher als bei Säugern. Sie ist eine Größe, die nach dem Modell eines Regelkreises geregelt wird und von Faktoren wie Aktivität und Ruhe, Außentemperatur, Nahrungsmangel, Entwässerung oder Hormonen (Adrenalin, Thyroxin) beeinflusst wird.

Lebensraum und Artenvielfalt (ökologische Einnischung)

Das Verbreitungsgebiet einer Vogelpopulation, Art oder anderen systematischen Einheit, also den geographischen Vorkommensbereich, bezeichnet man als ihr Areal. Je nach Biologie der Art, beispielsweise bei Zugvogelarten, ist dabei zu differenzieren zwischen dem Brutareal, das der Fortpflanzung dient, dem Winterareal (Winterquartier) oder auch einem Rastareal, das während des Zuges aufgesucht wird.

Areale stellen allerdings keine geographisch und ökologisch einheitlichen Gebiete dar. Sie zerfallen ihrerseits in die voneinander weitgehend getrennten Habitate (auch als Biotope bezeichnet) der Ökosysteme. Ein Habitat ist der Lebensraum einer (Vogel-)Art und zeichnet sich durch konkrete biotische sowie abiotische Faktoren aus. Diese können sich auf Nistmöglichkeiten, Nahrungsvorkommen, Konkurrenten, Beutegreifer usw. beziehen. An diese Bedingungen hat sich eine Art im Laufe der historischen Evolution angepasst. Man spricht hierbei von ökologischer Einnischung oder ökologischer Nischenbildung und versteht darunter die evolutive Ausbildung der Spezialisierung einer Art im Laufe der Evolutionsgeschichte, die sich beispielsweise auf besondere morphologische Merkmale, Verhaltensweisen usw. beziehen kann.

Wesentlich ist, dass durch die ökologische Einnischung Konkurrenz vermieden und Koexistenz verschiedener Arten ermöglicht wird. Allseits bekannt ist das Lehrbuchbeispiel der Einnischung heimischer Vogelarten bei der Nutzung von Nadelbäumen als Nahrungsquelle. Durch die unterschiedlichen Spezialisierungen (u. a. Gewicht) der Arten können sie z. B. die gleiche Nahrung in verschiedenen Bereichen des Baumes suchen. Die Vermeidung von räumlicher Überlappung ist bei Arten mit sehr ähnlichen ökologischen Ansprüchen der häufigste Mechanismus der Konkurrenzvermeidung. Allgemein schränken sich konkurrierende Arten auf den Kern ihrer Spezialisierung ein. Die sichtbar werdende ökologische Einnischung ist also nur der Teil der Fähigkeiten einer Art, der unter Konkurrenzbedingungen sichtbar wird. Die genetisch bedingte größere ökologische Potenz der Arten ist auch der Grund für die oft überraschende Anpassungsfähigkeit an künstliche, durch den Menschen geschaffene Umweltbedingungen. Hinzu kommt, dass bei der ökologischen Einnischung zwischen Arten mit geringer und großer Toleranz gegenüber der Varianz von Umweltfaktoren unterschieden werden muss. Erstere sind Spezialisten mit hohen Ansprüchen an ihre Umwelt und daher bei Veränderungen vom Aussterben bedroht. Letztere sind Generalisten, deren Ansprüche geringer sind und die deshalb auch mit veränderten Umweltbedingungen zurechtkommen.

Für die Besiedlung neuer Lebensräume, beispielsweise des menschlichen Lebensraums Stadt, ist auch von Bedeutung, dass die Habitatwahl oft nach wenigen charakteristischen Merkmalen erfolgt. So werden Kirchtürme oder Hochhäuser beispielsweise von Falken angenommen, weil sie ihnen geeignete Nistmöglichkeiten bieten.

Die Artenvielfalt eines Lebensraums wird mit dem Begriff der Diversität bezeichnet. Hiermit wird einmal die Anzahl der verschiedenen Arten, der Artenreichtum, erfasst, zum anderen aber auch die Häufigkeit der einzelnen Arten. Die Artdiversität korreliert immer eng mit der Diversität (Komplexität, Vielfalt) der Ressourcen und sonstigen Bedingungen des Lebensraums. Sind wenige Faktoren stark vertreten, so dominieren relativ wenige Arten, die in einer hohen Individuenzahl vorkommen (geringe Diversität). Eine große Artenzahl mit jeweils geringen, relativ gleichen Populationsgrößen zeichnet eine hohe Diversität aus. Sie ist an eine abwechslungsreiche Umwelt gebunden, die unterschiedliche Lebensmöglichkeiten bietet.

Luftsäcke
Die Luftsäcke sind das Ventilationsorgan der Vogellunge. Es handelt sich um ventrale Ausstülpungen der Lungen, die passiv durch die Bewegung des Brustkorbs gedehnt oder komprimiert werden. Sie entfalten dabei eine Blasebalgwirkung. Vögel besitzen eine variable Anzahl (Grundausstattung neun) von paarigen und unpaarigen Luftsäcken, von denen die paarigen hinteren Bauchluftsäcke die größten sind. Alle hinteren Luftsäcke enthalten frische, sauerstoffhaltige Luft, die vorderen Luftsäcke, beispielsweise Brust- und Halsluftsäcke, enthalten sauerstoffarme Luft.

Luftsäcke bzw. Luftsackventrikel finden sich auch in einigen Knochen wie dem Schlüsselbein oder dem Oberarm sowie unter der Haut und in der Muskulatur. Diese Pneumatisierung dient im wesentlichen der Gewichtsverringerung. Andere Funktionen haben die aufblasbaren, leuchtend roten Halsluftsäcke der Fregattvogel-Männchen wie auch der Kropf der Tauben bei der Balz.

Vorläufer von Luftsäcken findet man schon bei einigen Reptilien, beispielsweise bei Schlangen, in den wenig gegliederten hinteren Teilen eines Lungenflügels. Das Chamäleon besitzt Luftsäcke im Halsbereich, die in Schreck- oder Warnstellung aufgeblasen werden.

Lunge
Die Lunge der Vögel ist relativ klein und trotzdem sehr leistungsfähig. Die Vogellunge ist dorsal im Vogelkörper gelagert und fest von den Rippen des Brustkorbs umschlossen. Sie besitzt paarige Lungenflügel, aber keine Lungenlappen, ist aber abgeflacht und starr. Die Lunge der Vögel lässt deshalb – anders als die Lungen der anderen Landwirbeltiere – keine Volumenänderung während der Atembewegung zu.

Im inneren Bau besteht die Vogellunge aus Bronchien, die sich immer stärker verzweigen und vielfältig miteinander kurzgeschlossen sind: Die aus der Luftröhre abgehenden beiden Hauptbronchien verzweigen sich zu vier Gruppen von Sekundärbronchien. Diese gliedern sich wiederum in Bronchien dritter Ordnung auf, die Parabronchien oder Lungenpfeifen. Ein Parabronchus besitzt je nach Vogelart einen Durchmesser von 0,5 bis 1,5 mm. Die luftführenden Parabronchien sind stark verzweigt und vielfältig miteinander verbunden. Die von den Parabronchien abgehenden Luftkapillaren bilden ein dichtes Netzwerk, das von einem ähnlichen Netzwerk aus Blutkapillaren umgeben ist. Beide bilden zusammen das Gasaustauschgewebe. Die für den Gasaustausch zur Verfügung stehende Fläche ist pro Gramm Lungengewebe etwa zehnmal größer als bei Säugetieren, die Gasaustauschleistung pro Gramm Körpergewicht sechs- bis achtmal höher. Hierzu trägt bei, dass das Blut nach dem Gegenstromprinzip an den Parabronchien vorbeigeführt wird.

Die Ventilation der Lunge erfolgt durch einen Saugpumpen-Mechanismus, bei dem durch die Veränderung der Stellung von Rippen und Brustbein der Brust- und Bauchraum zur Einatmung vergrößert und zur Ausatmung wieder verkleinert wird. Beim Einatmen wird nur ein kleiner Teil der Atemluft durch die Lunge geführt. Die Hauptmenge gelangt zunächst in die hinteren Luftsäcke. Erst beim Ausatmen werden die hinteren Luftsäcke komprimiert und die Luft wird durch die Lunge gedrückt. Der Luftstrom passiert die Lunge (Parabronchien) beim Aus- und Einatmen in der gleichen Richtung.

Mauser
Unter Mauser versteht man beim Vogel
1. den Wechsel der Federn,
2. den Zeitraum des Gefiederwechsels.
Da Federn tote Keratin-Gebilde sind, unterliegen sie dem Verschleiß, ohne sich selbst regenerieren zu können. Deshalb wird bei der Mauser in einem Federfollikel eine alte Feder durch eine neue, nachwachsende Feder aus der Haut geschoben und ersetzt. Der Ausfall einer Feder geschieht, bevor eine neue voll entwickelt ist. Im Gefieder entstehen so kahle Stellen, was die Flugfähigkeit stark beeinträchtigen kann.

Man unterscheidet zwischen Vollmauser und Teilmauser, wobei meist die Erneuerung der Körperfedern vom Ersetzen der Schwungfedern getrennt ist. Die Teilmauser kann sich aber auch nur auf wenige Federfluren oder den Teilersatz innerhalb von Fluren erstrecken. Einige Vertreter wassergebundener Ordnungen mausern alle Handschwingen synchron und sind dadurch im Durchschnitt für 20 bis 30 Tage flugunfähig.

Als Anpassung an ökologische Bedingungen wie Nahrung und Temperatur oder saisonale und zeitliche Faktoren wie Brüten oder Ziehen haben sich vielfältige Mauser-Programme als räumlich-zeitliche Muster des Mauserverlaufs entwickelt. In unseren Breiten ist die Vollmauser nach der Brutsaison der häufigste Fall.

Die Mauser kann auch zur Veränderung des gesamten Erscheinungsbildes eines Vogels führen. Dies ist beispielsweise mit zunehmendem Alter der Fall, wenn das Dunenkleid eines Kükens zunächst durch das Jugendkleid (juv.) und später durch das Adultkleid des geschlechtsreifen Tieres ersetzt wird. Weitverbreitet ist auch ein Saisondimorphismus durch den Wechsel zwischen einem Brut- und einem Ruhekleid.

Die Mauser ist für den Vogel sehr energieaufwändig. Man beobachtet während des Gefiederwechsels einen gesteigerten Stoffwechsel-Grundumsatz, im Allgemeinen ist dies mit einer erhöhten (Körper-)Temperatur verbunden. Die Kontrolle der Mauser erfolgt endogen nach einem jährlichen Rhythmus durch das Hormonsystem, wobei die Photoperiode einen Einfluss ausübt. Obwohl die genauen Ursachen noch ungeklärt sind, ist bekannt, dass die Schilddrüse durch ihr Hormon Thyroxin eine fördernde Wirkung auf das Federwachstum hat, während Sexualhormone bei den meisten Arten die Mauser hemmen.

Sinne
Gesichtssinn: Der Gesichtssinn ist bei Vögeln vergleichsweise stark ausgeprägt. Man kann deshalb sagen: Vögel sind Augentiere. In Relation zum Körper sind die Augen bei Vögeln größer als bei anderen Wirbeltieren. Bei vielen Arten sind die Augen auch größer als das Gehirn. Ihr Gewicht kann bis zu einem Drittel des Kopfgewichts betragen. Die Augengröße hat einen direkten Einfluss auf die Leistungsfähigkeit des Auges: Je größer es ist, umso größer ist die detailliertere Abbildung auf der Retina (Netzhaut), von der die Sehschärfe und das Auflösungsvermögen abhängen.

Vögel sehen im gesamten Blickfeld gleich scharf und farbig, weil die für das Farben- und Helligkeitssehen verantwortlichen Zapfen über die gesamte Netzhaut – auch in den Randbereich – gleichmäßig verteilt sind. Das Farbensehen reicht dabei in den UV-Bereich hinein und geht auch bei Purpurfarben über die Wahrnehmungsfähigkeit des Menschen hinaus.

Das Auflösungsvermögen, also die Fähigkeit zwei nebeneinander liegende Punkte unterscheiden zu können, ist bei Vögeln meist schlechter als beim Menschen. Die Auflösung hängt von der Dichte der Zapfenverteilung ab. Lediglich die Taggreifvögel (man denke an das sprichwörtliche Adlerauge) haben eine deutlich höhere Zapfendichte und deshalb ein rd. sechsfach höheres Auflösungsvermögen als der Mensch. Nachtaktive Vögel haben deutlich mehr Stäbchen als Zapfen und besitzen dadurch eine wesentlich höhere Lichtempfindlichkeit für das nicht farbige Dämmerungssehen. Die Bewegungswahrnehmung ist sowohl bei langsamen Veränderungen als auch bei schnellen Bewegungen äußerst leistungsfähig. Dies ist einerseits die Voraussetzung für das Manövrieren und den Beutefang im Flug, andererseits eine Voraussetzung für die Orientierung an der Sonne oder dem Sternenhimmel.

Durch die seitliche Lage der Augen ist das Blickfeld bei den meisten Vögeln sehr groß. Es beträgt bei Tauben bis 300°, bei Brillenpinguinen 340°. Die Schnepfe hat sogar einen Panoramablick von 360°. Allerdings liegt durch die seitliche Anordnung der Augen das binokulare Sehfeld, in dem räumliches Sehen möglich ist, meist unter 25° und ist damit sehr klein. Bei Eulen mit vorn liegenden Augen beträgt es dagegen 60° bis 70°.

Tastsinn: Die Rezeptoren, auf denen der Tastsinn basiert, sind einerseits an den Schnabelrändern konzentriert, andererseits über die gesamte Körperoberfläche verteilt. Besonders sensible Bereiche mit einer hohen Rezeptorendichte sind der Schnabelrand, besonders die Schnabelspitze, ebenso die Zungenspitze und der Gaumen. Ebenfalls findet man Rezeptoren für den Tastsinn an der Basis von (Tast-)Haaren. Durch die Art und Verteilung der Rezeptoren ist der Tastsinn oft verbunden mit der Temperatur- und Schmerzwahrnehmung. Bei den Rezeptoren handelt es sich selten um einfache freie Nervenenden. Häufiger sind die HERBST'schen Tastkörperchen, die in Haut und Muskulatur verteilt sind. Je nach Lage dienen die HERBST'schen Körperchen der Perzeption der Muskelspannung, der Luftvibration, der Federlage, von Erschütterungen, darüber hinaus aber auch des Blutdrucks und des osmotischen Drucks im Gewebe. Die GRANDRY'schen Körperchen sind typisch für Wasservögel. Sie befinden sich in den oberen Regionen der Haut des Schnabels und der Zunge, meist assoziiert mit den HERBST'schen Tastkörperchen. Sie dienen vor allem der Druckwahrnehmung.

Aus der Kombination der angesprochenen und weiteren Rezeptoren erwächst bei Vögeln eine nicht nachvollziehbare komplexe Wahrnehmung von Druck, Erschütterung, Temperatur und Schmerz, die beispielsweise die bei vielen Vögeln beobachtete Unruhe vor einem Erdbeben erklärt.

Geruchssinn: Vögel besitzen Nasenöffnungen auf dem Schnabel und ein gut entwickeltes Geruchsorgan in der Nasenhöhle, das in den Rachen einmündet. Allerdings ist das Riechhirn meist nur wenig entwickelt. Vögel haben deshalb allgemein einen schwachen Geruchssinn; nur wenige Arten können gut riechen. Insgesamt ist über das Riechvermögen einzelner Arten nur wenig bekannt. Als gute Riecher gelten beispielsweise Kiwis, Enten, Tauben, Greifvögel, Sturmvögel und Albatrosse; ein geringes Riechvermögen besitzen die Singvögel.

Gerüche sind bei Vögeln nur im Nahbereich wirksam. Dafür zwei Belege:
Grauganküken *(Anser anser)* zeigen im Experiment eine klare Geruchsdiskriminierung zwi-

schen der normalen Futterpflanze Gras und mit verschiedenen Düften imprägniertem Gras. Vergleichsuntersuchungen mit Grau- und Hausgansküken zeigen im Hinblick auf die Reaktion auf Düfte ein unterschiedlich differenziertes Riechvermögen. Auffällig ist eine schnelle Gewöhnung, die sich in diesen Versuchen zeigte.

Männliche und weibliche Stockenten *(Anas platyrhynchos)* besitzen zur Brutzeit einen ausgeprägten Eigengeruch, verursacht durch das Sekret der Bürzeldrüse. Die Durchtrennung des Riechnervs bewirkt bei jungen Erpeln ein verändertes Sexualverhalten. Die Erpel zeigen kaum Werbungsverhalten und keine Kopulation. Dabei bleibt das Aggressionsverhalten unverändert.

Geschmackssinn: Der Geschmackssinn ist bei Vögeln nur gering entwickelt. Er basiert auf Geschmacksknospen, die am Gaumen, dem Mundhöhlenboden und an Partien der hinteren Zunge sitzen.

Gehörsinn: Das Ohr der Vögel ist wie das der Säuger dreiteilig aus Außen-, Mittel- und Innenohr aufgebaut. Allerdings besitzen die Vögel keine Ohrmuschel. Das äußere Ohr besteht nur aus einem trichterförmigen Gang, der von einer durch Federn geschützten ovalen äußeren Öffnung bis zum Trommelfell führt. Lediglich die Eulen besitzen zur leichteren Ortung ihrer Beute an der äußeren Ohröffnung eine aufgerichtete bewegliche und befiederte Hautfalte. Bei Eulen ist deshalb das Richtungshören extrem gut ausgebildet. Das Hören ist für die meisten Vogelarten eine wichtige Sinnesfunktion in den Funktionskreisen des Nahrungserwerbs, der Balz, der Jungenaufzucht oder beim Gruppenzusammenhalt in Schwärmen.

Generell besitzen Vögel ein zehnfach besseres zeitliches Auflösungsvermögen als es das menschliche Ohr leisten kann und ein gutes Tongedächtnis; dies befähigt beispielsweise die Singvögel zum Erlernen und Nachahmen von gehörten Gesängen.

Der Hörbereich ist bei den Vögeln meist deutlich kleiner als beim Menschen. Tiefe Töne unter rd. 40 Hz werden nicht mehr wahrgenommen und nur wenige Kleinvögel hören noch hohe Töne von bis zu rd. 30 kHz. Ultraschall, der darüber hinaus geht, können Vögel nach bisherigem Kenntnisstand nicht wahrnehmen.

Schwinge
Die großen Flugfedern des Hand- und Armgefieders. Umgangssprachlich auch die Bezeichnung für den gesamten Flügel.

Temperatur-Regulation
Vögel halten wie die Säugetiere ihre Körpertemperatur (genauer: Kerntemperatur) unabhängig von der Umgebungstemperatur auf einem hohen Wert konstant. Sie sind homöotherm (gleichwarm; auch: homoiotherm) und unterscheiden sich dadurch von den anderen Wirbeltierklassen und den Wirbellosen, die man als Poikilotherme (Wechselwarme) bezeichnet, weil ihre Körpertemperatur von der Außentemperatur abhängt und mit dieser schwankt. Trotzdem findet man bei Poikilothermen oft recht konstante und hohe Körpertemperaturen, während die Temperatur bei Homöothermen beispielsweise jahreszeitlich stark schwanken können (Winterschlaf). Man spricht deshalb auch von Endothermie statt von Homöothermie, um zu betonen, dass die Körpertemperatur durch eine eigene, endogene Wärmeerzeugung aufrechterhalten und reguliert wird. Wechselwarme werden daher als ektotherm gekennzeichnet, weil ihre Körpertemperatur wesentlich von außen bestimmt wird. Poikilotherme (Ektotherme) zeigen deshalb eine mit der Umgebungstemperatur kontinuierlich steigende Stoffwechselaktivität und Körpertemperatur. Homöotherme Organismen dagegen halten ihre Körpertemperatur weitestgehend unabhängig von einem Anstieg der Außentemperatur konstant. Der Stoffwechsel bleibt in der Thermoneutralzone ebenfalls gleich und steigt erst, wenn bei weiterer Temperaturzunahme in der Umwelt der obere kritische Temperaturwert überschritten wird. Dann leitet der Organismus energieaufwändige Kühlungsmechanismen ein, um die Körpertemperatur stabil zu halten. Dies gilt ebenfalls, wenn die untere kritische Temperatur unterschritten wird. In diesem Fall wird für die Aufrechterhaltung der Körpertemperatur Wärme produziert. Jenseits eines Mindestwertes für die Umwelttemperatur bricht die Wärmeproduktion zusammen, der Organismus verfällt in Hypothermie und stirbt letztendlich den Kältetod. Gleiches gilt entsprechend für das Überschreiten einer Höchsttemperatur.

Die Homöothermie besteht bei Vögeln nicht vom Tage des Schlüpfens aus dem Ei. Dies gilt nicht nur für Nesthocker, die ohne Federkleid und mit unausgereiften Sinnen schlüpfen, sondern auch für Nestflüchter, die bereits laufen können und ein volles Dunenkleid tragen. Die Körpertemperatur von Nestflüchter-Küken liegt zunächst bei ca. 38° und ist somit niedriger als die adulter Tiere. Erst während der ersten drei Lebenswochen der Küken entwickelt sich die volle Temperaturproduktion und Regulationsfähigkeit. Ab dem 20. Tag sind die Küken homöotherm. Zumindest während dieser Zeit sind sie um zu überleben auf das Wärmen durch die Alttiere (das Hudern) angewiesen. In kälterer Umgebung (12 °C) würden sie innerhalb einer halben Stunde auskühlen und in Kältestarre fallen. Die Ausreifung der Temperatur-Regulation zeigt sich auch darin, dass mit zunehmendem Alter eine immer geringere Außentemperatur nötig ist, damit ein Küken einen Aufenthalt von 20 Minuten im Freien aushält.

Die Körpertemperatur von Vögeln kann tagesperiodisch schwanken. Dabei wird in einem Tag-Nacht-Rhythmus je nach Aktivitätsmuster in der Ruhephase die Temperatur um 2–5 °C abgesenkt, was zu Energieeinsparungen von minimal 20–25 % bis maximal 75–80 % führen kann, meist liegt der Wert um 50 %. Darüber hinaus kann die Temperatur als Umweltanpassung bei Nahrungsmangel reduziert werden, um Energie zu sparen. Einige Vogelgruppen sind darüber hinaus torporfähig. Eine hohe Umgebungstemperatur führt zu einer Erhöhung, ein niedrige zu einer Absenkung der Körpertemperatur insbesondere in der Ruhephase, um den Temperaturgradienten und damit die Wärmeabgabe zu verringern. Eine endogene Erhöhung der Körpertemperatur findet man während der Mauser und bei Krankheit (Fieber).

Neben Absenkung und Erhöhung der Soll-Temperatur zur Kontrolle der Wärmeabgabe findet man weitere physiologische Mechanismen der Temperatur-Regulation:
- Wärmeproduktion durch Muskelzittern;
- Wasserabgabe über nackte Hautpartien zur Kühlung;
- Beschleunigung der Atembewegungen, das Hecheln;
- schnelle Bewegung des Kehlsacks, das Kehlflattern;
- Veränderung der peripheren Durchblutung durch Erweiterung oder Verengung der Kapillargefäße, Kurzschlüsse (Anastomosen) der Gefäße;
- Wärmerückgewinnung in den Extremitäten nach dem Gegenstrom-Prinzip (Gegenstrom-Wärmeaustausch).

Auch morphologische Strukturen tragen zur Temperaturregulation bei:
- Isolierende Fettschichten können die Wärmeabgabe verringern;
- Beschaffenheit und Dicke der Haut können die Wärmeabgabe ebenfalls erschweren oder erleichtern;
- Hautanhänge vergrößern die wärmeabstrahlende Oberfläche;
- die Körpergröße hat einen starken Einfluss auf Wärmeproduktion und Wärmeabgabe (BERGMANN'sche Regel);
- die Farbe der Federn beeinflusst Absorption und Reflexion von Strahlung;
- das Gefieder kann zur Isolierung durch Pelz-Dunen eine fellartige Beschaffenheit haben.

Verhaltensweisen können ebenfalls zur Temperatur-Regelung eingesetzt werden:
- Baden im Wasser zur Kühlung des Körpers;
- Nutzung des Windes für die Verdunstungskühlung an nackten Hautpartien;
- Schattenspenden und Befeuchten zur Kühlung von Jungvögeln;
- Aufplustern des Gefieders zur Isolierung des Körpers;
- Sonnenbaden zum Aufheizen des Körpers;
- Zusammenlagern (Clusterbildung; extrem die Igelbildung beim Kaiserpinguin) von mehreren Individuen, um das Oberfläche-Volumen-Verhältnis zu verbessern und so bis zu 80 % Energie einzusparen;
- Wahl eines geeigneten Kleinklimas und einer angepassten Aktivitätszeit zur Kontrolle der Wärmeabgabe.

Thermoneutralzone
Die thermische Neutralzone ist bei Homöothermen der Bereich der Umgebungstemperatur, in dem die Mechanismen zur Wärmeabgabe ausreichen, um die Körpertemperatur ohne zusätzlichen Energieaufwand für die Temperaturregulation konstant zu halten. Der Umfang der Neutralzone ist bestimmt durch den unteren und oberen kritischen Temperaturwert. Die Bereiche sind sehr unterschiedlich und spiegeln die Angepasstheit einer Organismenart wider.

Torpor
Als Torpor oder Torpidität (lat. Regungslosigkeit, Starre) wird eine Absenkung der Körpertemperatur bezeichnet, die unabhängig von der Umgebungstemperatur ist und zu einem Zustand tiefer Lethargie führt, aus dem heraus die Tiere aber selbst auf normale Temperaturwerte aufheizen und aktiv werden können. Vom Torpor zu unterscheiden ist eine Anpassung der Körpertemperatur an den Tagesgang mit einer leichten Absenkung während der Nacht, die man bei Vögel und Säugetieren findet . Allgemein bekannt ist der Torpor bei den Kolibris, die regelmäßig bei Nacht ihre Körpertemperatur bis auf einen extrem tiefen Grenzwert von 18 °C bis 20 °C absenken, während sie tagsüber bei ca. 41 °C liegt. Die Vögel haben aufgrund ihrer vergleichsweise geringen Körpergröße eine hohe Wärmeabstrahlung über ihrer Körperoberfläche (BERGMANN'sche Regel). Kolibris besitzen deshalb einen hundertmal höheren Stoffwechsel als beispielsweise der Mensch. In Aktivität müssen sie laufend Nahrung aufnehmen.

Durch den Torpor wird die hohe Stoffwechselaktivität bis auf 1/10 reduziert. Nur so können die Vögel die kalte Nacht ohne Nahrungsaufnahme überstehen und verhungern nicht.
Eine fakultative Torpidität, beispielsweise bei Hungerbelastung und Kälte, findet man auch bei einigen anderen Vogelgruppen wie den Mausvögeln, den Seglern, den Schwalben und den Nachtschwalben, zu denen auch der Ziegenmelker gehört.

Viele andere Vogelarten können ihre Körpertemperatur unter Hunger- oder Kältebedingungen ebenfalls leicht auf Temperaturen meist zwischen 35 °C und 30 °C absenken.
Dagegen kennt man erst einen Fall von Winterschlaf mit einer Temperaturabsenkung von 41 °C auf 18 °C bei einer mit dem Ziegenmelker verwandten Vogelart.

Vogelflug

Ein Vogel hält sich in der Luft, weil er mit seinen Flügeln einen Auftrieb erzeugt: Der bei der Umströmung eines Flügels entstehende Unterdruck (Sog) auf der Oberfläche und der (Über-) Druck auf der Unterseite ergeben zusammen den Auftrieb. Auftrieb entsteht am Flügel aber nur, wenn er in einem leichten Winkel zur Luftströmung aufgestellt ist. Wird dieser Anstellwinkel zu groß, entsteht ein hoher Widerstand, d. h. eine bremsende Wirkung. Das Ergebnis aus dem Zusammenspiel von Auftrieb und Widerstand ist die resultierende Kraft R oder auch Gesamtluftkraft F_L.
Ein Vogel kann auf einer geneigten Bahn durch sein Gewicht passiv, ohne Flügelschlag, in der Luft abwärts gleiten. Dabei wird sein Gewicht durch die entsprechende aufwärts wirkende Kraft (Gesamtluftkraft F_L, resultierende Kraft R), die an den Flügeln entsteht, ausgeglichen. Am besten, d. h. am weitesten, gleitet ein Vogel, wenn Vortrieb und (Luft-)Widerstand im Gleichgewicht sind. Dieser „Normalfall" ist vom Gewicht des Vogels, seiner Flügelgröße und Flügelform abhängig. Günstig für einen weiten Gleitflug ist außerdem ein großes Gewicht, woraus sich ein großer Vortrieb ergibt, eine hohe Anfangsgeschwindigkeit, beispielsweise aus einem kräftigen Schlagflug, und eine große Flügelausbreitung. Auf diese Weise kann ein großer Albatros nahezu horizontal kilometerweit über das Meer gleiten. Ein viel kleinerer Sperling sinkt schnell zu Boden.
Gleitet ein Vogel in einer aufsteigenden Luftströmung und gewinnt dadurch an Höhe, spricht man von Segeln. Viele Vögel gleiten oder segeln und sparen dabei Energie. Um an Höhe zu gewinnen oder eine konstante Flughöhe zu halten, schlagen sie mit den Flügeln. Der Flügel wird im Schlagflug aus zwei verschiedenen Richtungen angeströmt: Der Fahrtwind kommt von vorn, der Schlagwind entsteht durch den Abschlag des Flügels und wirkt in der Schlagrichtung. Um einen möglichst großen Auftrieb zu erzielen, wird die Handschwinge zusätzlich stärker senkrecht angestellt (verwunden).
Um nicht abzusinken, muss beim Schlagflug eine Hubkraft erzeugt werden, die dem Gewicht des Vogels entspricht. Gleichzeitig wird ein Vortrieb gebraucht, damit die Luftkräfte entstehen, die den Flug ermöglichen. Der Hub ist eine senkrecht zur Erdanziehung, also dem Gewicht entgegengesetzt wirkende Kraft. Der Vortrieb wirkt in Fahrtrichtung, bei horizontalem Flug also im rechten Winkel zum Hub. In diese beiden Komponenten kann die resultierende Luftkraft F_L, die aus dem Auftrieb des Flügels und dem Luftwiderstand entsteht, zerlegt werden.

Evolution des Vogelflugs: Zur Erklärung der stammesgeschichtlichen Entstehung des Vogelflugs stehen sich seit längerem zwei konträre Hypothesen gegenüber:
1. Die Arboreal-Hypothese (Baumkletterer-Hypothese). Nach dieser Vorstellung ist der Vogelflug in der Evolutionsgeschichte bei baumkletternden oder sogar baumlebenden Vorfahren der Vögel entstanden. Primär ist danach der Gleitflug von oben nach unten. Beim Gleiten entsteht durch die Erdanziehung sofort eine relativ hohe Geschwindigkeit mit einem entsprechend hohen Auftrieb. Der Organismus muss wenig Schlagarbeit leisten und braucht nur wenig Energie aufzuwenden. In jüngster Zeit sehen einige Forscher diese Auffassung durch den Fund eines Dinosauriers (Microraptor) mit vier befiederten Extremitäten bestätigt. Dieser war ausgewiesen durch Federn mit asymmetrischer Fahne, baumlebend und zum Gleitflug fähig. Sogar ein „vierflügeliges" Zwischenstadium in der Vogelevolution wurde daraufhin postuliert.
2. Die Cursorial-Hypothese (Bodenläufer-Hypothese). Die Vertreter dieser Ansicht sehen den Vorläufer der Vögel unter kleinen bipeden Dinosauriern (Theropoden), die auf dem Boden nach Insekten jagten. Diese Tiere waren sehr wendig und erreichten hohe Laufgeschwindigkeiten. Aktuelle aerodynamische Modell-Untersuchungen zu Archaeopteryx zeigen, dass Flügel Auftrieb erzeugen <u>und</u> die Beine durch zusätzlichen Vortrieb unterstützen, sodass die Geschwindigkeit zum Abheben erreicht werden konnte. Dies stützt die These vom Vogelflug, der seinen Ursprung am Boden fand. Primär wäre hier der aktive Schlagflug von unten nach oben. Als weiterer Beleg gilt, dass viele Bestandteile des Flugapparats in einem terrestrischen Kontext entstanden sind. Beispielsweise war das seitliche Abknicken der Hand während des Schlagflugs (zur Erzeugung des Vortriebs) schon bei Maniraptor-Theropoden als Anpassung an den Beutefang vorhanden.

Beide Extremszenarien werden heute von führenden Forschern abgelehnt.
Wahrscheinlicher ist die Entstehung des Gleitflugs am Boden, aus einfachen Sprüngen oder von erhöhten Stellen wie Steinen oder sonstigen Hindernissen im Gelände. Die Vordergliedmaßen konnten bei der Jagd zur Aufrechterhaltung des Gleichgewichts oder als Hilfe beim Wenden gedient haben. Aus solchen Balancierbewegungen konnten Steuerbewegungen und letztlich Flügelschläge werden, wenn gleichzeitig der Besatz mit Federn zunahm. Auch die Verringerung der Körpermasse erleichterte das Abheben vom Boden.
Gegen ein vierflügeliges, baumlebendes Zwischenstadium spricht, dass Vögel Zweibeiner sind und von bipeden Ahnen abstammen. Die Extremitätenpaare sind unterschiedlich spezialisiert. Sie gehören zu zwei verschiedenen Fortbewegungssystemen mit unterschiedlichen Selektionsdrücken: Laufen und Fliegen. In der Radiation, aus der die Vögel hervorgingen, dürften gefiederte Dinosaurier parallel vielfältige ökologischen Nischen besetzt haben.
Ein weiteres mögliches Zwischenstadium in der Entwicklung der Flugfähigkeit ist in jüngster Zeit aus der Beobachtung entwickelt worden, dass das Schlagen mit den Flügeln bei Vögeln, die steil aufwärts laufen, die Haftung der Füße am Boden erhöht. Dies gilt auch für Küken mit einem Dunenkleid. Wie diese könnten auch gefiederte Theropoden mit wenig entwickelten Flügeln einen Vorteil beim „Bergsteigen" gehabt haben.

Vogelzug

Der Vogelzug ist eine Form der periodischen Wanderung, die man bei vielen Tierarten beobachtet. Er hat normalerweise feste Richtungen und Routen, auf denen die Vögel von ihrem Brutgebiet ins Winterquartier ziehen. Bei einem Breitfrontzug verlagern die Vögel lediglich ihr Aufenthaltsgebiet nach Süden, die Zugrichtung ist dabei weitgehend parallel. Im europäischen Raum handelt es sich aber meist um einen Schmalfrontzug, bei dem die Vögel sich aufgrund der geografischen Situation (Alpen, Mittelmeer) westlich oder östlich orientieren. Hieraus ergibt sich eine Zugscheide in Mitteleuropa, ein Gebiet, das die westlich und östlich ziehenden Gruppen voneinander trennt. Nach der zurückgelegten Entfernung unterscheidet man zwischen Kurzstrecken- und Langstreckenziehern. Auch gibt es in einer Population manchmal ziehende und nichtziehende Vögel. Solche Vögel unterscheidet man als Teilzieher von ortstreuen Standvögeln. Die Übergänge sind hierbei von den Umweltbedingungen abhängig.

Seit kurz vor der Jahrhundertwende um 1900 ist der Vogelzug Gegenstand wissenschaftlicher Untersuchungen. Man versuchte zunächst durch einfache Beobachtung (beispielsweise durch Zählungen rastender und ziehender Vögel), später mit modernen Methoden wie Radar, Infrarot-Detektoren und Satellitentelemetrie Aufschluss über jahres- und tageszeitliches Zugverhalten, Rastplätze, Zugwege, -richtungen, -geschwindigkeiten, -höhen u. ä. zu erhalten. Filmreif sind auch jüngste Begleitflüge mit Paraglydern. Weniger spektakulär, aber sehr informativ, waren dagegen von Anbeginn an die traditionellen Beringungs- und sonstige Markierungs- und Wiederfangversuche.

Richtung und Länge des Zuges sind den Vögeln angeboren. Zu diesem Ergebnis führten Isolations- bzw. KASPAR-HAUSER-Versuche, in denen die sogenannte Zugunruhe untersucht wurde. Dies ist beispielsweise eine spontane nächtliche Aktivität, die die Tiere während der normalen Zugzeit im Käfig zeigen. Das Ausmaß dieser Bewegungen korreliert mit der Zeit, die für den Flug benötigt wird. Außerdem streben die Vögel im Käfig gezielt in die Richtung des Wegzugs.
Zur Orientierung während des Zugs besitzen die Vögel die Fähigkeit, sich nach der Sonne (Sonnenkompass), dem Sternenhimmel (Sternenkompass) und dem Magnetfeld der Erde (Magnetkompass) zu richten. Die Synchronisation der sich verändernden Positionen der Sonne erfolgt am Tag über eine innere Uhr. Nachts gibt die Drehrichtung des Sternenhimmels die Nordorientierung an. Der Magnetsinn der Vögel sitzt nach neuesten Untersuchungen im rechten Auge und ist eng mit dem visuellen Sinn verbunden.
Bei unerfahrenen Jungtieren, die erstmalig den Weg ins Winterquartier zurücklegen, findet man eine angeborene Vektor-Navigation: Eine endogene Zeit- und Richtungsorientierung führt die Tiere von ihrem unbekannten Standort zu einem unbekannten Zielort. Den Nachweis für diese Orientierungsweise fand man bei Verfrachtungsexperimenten, in denen die angeborene Flugrichtung beibehalten wurde und ein versetzter Zug zu beobachten war, wobei die Jungtiere ihren eigentlichen Zielort nicht erreichten. Altvögel dagegen orientieren sich nach einer Verfrachtung und finden trotzdem ihren Zielort. Sie kennen also ihren Heimat- und Zielort, orientieren sich nach einer inneren Karte und einem inneren Kompass.

IV. UE: Vögel

IV.2 Informationen zur Unterrichtspraxis

IV.2.1 Einstiegsmöglichkeiten

Einstiegsmöglichkeiten	Medien
A.: Präsentation einer Feder	
■ L präsentiert eine Vogelfeder und lässt die SuS reagieren. ▶ **Problem:** Merkmale der Vögel ■ Die SuS erschließen das Thema der neuen Unterrichtsreihe: die Vögel. ■ L-Frage: Federn bestimmen die Vögel eindeutig. Welche weiteren kennzeichnenden Merkmale gibt es? L teilt zur Erarbeitung Material IV./M 1 aus. ■ Nach einer kurzen Partner-Arbeitsphase stellen die SuS ihre Ergebnisse anhand einer Folie von IV./M 1 vor.	■ Vogelfeder ■ Material IV./M 1 (materialgebundene Aufgabe): Was ist ein Vogel? ■ Folienkopie von Material IV./M 1, Arbeitsprojektor
B.: Begrifferaten durch Schüler	
■ Ein SoS erhält die Aufgabe, die Klasse das Thema der neuen Unterrichtsreihe erraten zu lassen. Er bekommt eine Karte, auf der alle Begriffe stehen, die er *nicht* sagen darf. ▶ **Problem:** Merkmale der Vögel ■ Nach einer kurzen Überlegungsphase kennen die SuS das Thema der neuen UE. ■ L thematisiert die Abgrenzung der Vögel von anderen Tiergruppen und stellt die Problemfrage. ■ Die SuS tragen anhand einer Folie von IV./M 1 auf dem Arbeitsprojektor die Vogelmerkmale zusammen, wobei auch die Fragestellung diskutiert wird. ■ Zum Abschluss erhalten die SuS Material IV./M 1, um in Stillarbeit die Ergebnisse zu notieren.	■ Karte mit den Lösungen zu Material IV./M 1: Was ist ein Vogel? ■ keine ■ Folienkopie von Material IV./M 1, Arbeitsprojektor ■ Material IV./M 1 (materialgebundene Aufgabe): Was ist ein Vogel?

IV.2.2 Erarbeitungsmöglichkeiten

Erarbeitungsschritte	Medien
A./B.: 1. Federn und Fliegen	
■ Nachdem in der Einstiegsphase die Federn als zentrales Merkmal der Vögel herausgestellt wurden, leitet L zur Erarbeitung über. ▶ **Problem:** Wie ist eine Vogelfeder gebaut?	■ keine

IV. UE: Vögel

■ Zur Erarbeitung in Partnerarbeit erhalten die SuS Material IV./M 2 sowie verschiedene Federn zur Anschauung. ■ Die Ergebnisse werden mit einer Folienkopie auf dem Arbeitsprojektor verglichen. ■ Die SuS beschriften die Folienkopie. ■ Zu den Teilaufgaben b) *Funktion der Häkchen* und d) *Bau von Konturfedern und Dunen* sichert L die Ergebnisse in kurzen fragend-entwickelnden Einschüben.	■ Material IV./M 2 (materialgebundene Aufgabe): Eine Feder ■ Federn unterschiedlicher Art ■ Material IV./M 2 als Folienkopie, Arbeitsprojektor ■ Tafel
■ L leitet zur Besprechung des Vogelflügels über, indem er daran erinnert, dass eine Feder noch keine Flugfähigkeit verleiht. ▶ **Problem:** Bau des Vogelflügels ■ Die SuS erarbeiten den Bau des Vogelflügels mithilfe von Material IV./M 3 in Partnerarbeit. Zur Anschauung werden verschiedene Vogelpräparate sowie Modelle des Arms von Mensch und Vogel im Klassenraum bereitgestellt, die die SuS aufsuchen. ■ Die Lösungen übertragen die SuS auf eine Folienkopie, wobei sie sich untereinander aufrufen, indem sie den Folienstift weiterreichen.	■ keine ■ Material IV./M 3 (materialgebundene Aufgabe): Der Vogelflügel ■ Vogelpräparate ■ Armskelette von Mensch und Vogel Mithilfe der Folie „Die Taube – ein Wirbeltier" kann die Betrachtung auf das gesamte Vogelskelett ausgedehnt werden. ■ Folie von Material IV./M 3, Arbeitsprojektor
■ L wirft nun die Frage auf: Wie kann ein Vogelflügel einen Vogel tragen? Eine kurze, fragenentwickelnde Phase führt zu dem Ergebnis: Die Flügel erzeugen einen Auftrieb, der den Vogel trägt (vergleichbar bei einem Flugzeug). ▶ **Problem:** Entstehung des Auftriebs am Vogelflügel ■ Die Frage „Wie entsteht Auftrieb am Vogelflügel?" beantworten die SuS in Partner- oder Kleingruppenarbeit mit Material IV./M 4., das L austeilt. ■ Während die SuS arbeiten, geht L umher und gibt Hilfestellung. Dabei achtet L darauf, dass die Aufgabenstellungen bis auf d) und e) korrekt gelöst werden. ■ Die Aufgaben d) und e) sollten als Zusammenfassung am Ende der Partner- oder Gruppenphase in Stillarbeit von den SuS einzeln erledigt oder evtl. als Hausaufgabe gegeben werden. ■ Die schriftlichen Ausführungen zur Entstehung des Auftriebs werden von einigen SuS vorgelesen und besprochen. Defizite werden jetzt aufgearbeitet.	■ keine ■ Material IV./M 4 (materialgebundene Aufgabe): Wie entsteht Auftrieb am Vogelflügel? ■ Zur Veranschaulichung und Vertiefung kann zum Abschluss FWU-VHS-Video 4202107: Technik des Vogelfluges, 15 Min. und Online-DVD/Mediensammlung 5550181: Vögel 1, eingesetzt werden.

IV. UE: Vögel

A./B.: 2. Vogelphysiologie

Lehrerinformation: **Energetische Kosten verschiedener Verhaltensweisen bei Vögeln** *(als Vielfaches des Grundumsatzes [BMR]) siehe nachfolgende Darstellung*

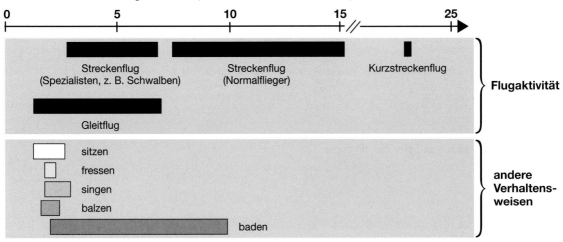

■ L vergleicht mit den SuS die energetischen Kosten des Fliegens. Als Fazit wird festgehalten: Vögel haben einen hohen Sauerstoffverbrauch. Sie brauchen eine leistungsfähige Lunge.	■ Lehrerinformation: siehe vorangestellte Darstellung
▶ **Problem:** Bau der Vogellunge	
■ Die SuS erarbeiten den Bau einer Vogellunge anhand von Material IV./M 5. In Einzelarbeit verschaffen sie sich einen Überblick, indem sie die Aufgaben a) und b) bearbeiten.	■ Material IV./M 5 (materialgebundene Aufgabe): Die Vogellunge
■ L fragt die Ergebnisse ab, erarbeitet mit den SuS Aufgabe c) und fixiert das Ergebnis an der Tafel. [Aufgabe d) sollte nur in überdurchschnittlichen Lerngruppen gestellt werden.]	■ Tafel
■ Nachdem die SuS den grundsätzlichen Bau von Luftsäcken und Lunge kennen, leitet L zur Besprechung des Atmungsvorgangs über.	■ keine
▶ **Problem:** Der Atmungsvorgang	
■ Zur Erarbeitung erhalten die SuS Material IV./M 6.	■ Material IV./M 6 (materialgebundene Aufgabe): Lungenatmung bei Vögeln
■ Die Ergebnisse zu a) und b) werden im Plenum verglichen.	■ keine
■ Anschließend trägt L mit den SuS die Beschreibung des Atmungsvorgangs zusammen und fixiert diese an der Tafel (vgl. Lösung).	■ Tafel

IV. UE: Vögel

■ Nach einer kurzen Einordnung der Vögel als gleichwarm teilt L die SuS in Dreiergruppen auf. Die Gruppen erhalten die Aufgabe, die an drei Stationen ausliegenden Aufgaben zur Temperaturregulation bei Vögeln nacheinander zu bearbeiten. Ein Zeitbudget wird festgelegt. ▶ **Problem:** Temperaturregulation bei Vögeln	■ Materialien IV./M 7 (materialgebundene Aufgabe): Hudern IV./M 8 (materialgebundene Aufgabe): Temperaturregulation IV./M 9 (materialgebundene Aufgabe): Wärmeeinsparung
■ Ihre Ergebnisse vergleichen die SuS, indem jedes der drei Gruppenmitglieder nach der Erarbeitung für eine festgelegte Zeit in eine von drei „Expertengruppen" wechselt, in denen die Ergebnisse verglichen werden.	■ keine
■ Die „Experten" kehren mit den richtigen Lösungen in ihre alte Gruppe zurück und die SuS vergewissern sich über die richtigen Ergebnisse.	■ keine
■ L stellt durch Besuche bei den Gruppen sicher, dass alle SuS ein Feedback über die richtige Lösung erhalten.	■ keine
■ L betont die Bedeutung der Sinneswahrnehmung, insbesondere des Gesichtssinns bei Vögeln. Man denke nur an Raubvögel, die ihre Beute aus großer Höhe orten müssen. ▶ **Problem:** Gesichts- und Gehörsinn bei Vögeln	■ keine
■ Die SuS erarbeiten die Problematik mit Material IV./M 10.	■ Material IV./M 10 (materialgebundene Aufgabe): Sinne
■ Die Ergebnisse werden verglichen, die besondere Bedeutung des Gesichtssinns wird herausgestellt.	
A./B.: 3. Lebensräume und Artenvielfalt	
■ L reserviert für diese Thematik den Informatikraum der Schule und stellt sicher, dass ClipArts mit Vogelabbildungen in umfangreichem Maße verfügbar sind. ▶ **Problem:** Systematischer Überblick	■ Informatikraum, Computer, Vogel-ClipArts
■ Die SuS erhalten Material IV./M 11 und bearbeiten die Aufgabenstellung.	■ Material IV./M 11 (materialgebundene Aufgabe): Vogelvielfalt
■ Die Ergebnisse der SuS werden ausgedruckt und an den Wänden des Biologie-Raums oder Klassenzimmers aufgehängt.	■ Drucker
■ L leitet zu den Lebensräumen und dem Vorkommen von Vogelarten über. Die SuS äußern sich in einem freien Unterrichtsgespräch zu einzelnen, ihnen bekannten Arten. L verengt die Diskussion und führt zur Besprechung der heimischen Vogelwelt.	■ keine

IV. UE: Vögel

▶ **Problem:** Umweltabhängigkeit des Artenvorkommens ■ Anhand von Material IV./M 12 erarbeiten die SuS in Partnerarbeit den Zusammenhang zwischen Lebensräumen und Artendichte. ■ Die Ergebnisse werden in einer Abschlussdiskussion zusammengefasst. Auch der Aspekt des Artenschutzgesetzes kann in diesem Kontext thematisiert werden.	■ Material IV./M 12 (materialgebundene Aufgabe): Lebensräume und Artendichte ■ keine
■ L fragt nach der Kenntnis von Vogelarten. Die SuS tragen Arten zusammen, die sie kennen. ■ L kündigt die Vorstellung einer häufigen Vogelart in unserer Nachbarschaft an und zeigt einen Film über die Amsel. ▶ **Problem:** Welche (weiteren) Vogelarten leben in unserer Nachbarschaft? Wie sind sie im Nahrungserwerb spezialisiert? ■ Zur Erweiterung der Thematik bearbeiten die SuS von Material IV./M 13 zunächst Aufgabe c). ■ Anschließend erarbeiten die SuS Informationen über die ökologischen Nischen der bekanntesten Vogelarten nach Aufgabe a) und b). ■ Die Abschlussdiskussion sollte deutlich den Zusammenhang zwischen Spezialisierung und Konkurrenz herausstellen.	■ keine ■ FWU-VHS-Video 4200243: Die Amsel, 15. Min., f, 1992; DVD 4640795: Amseln in unserem Garten, 14 Min., f, 1995/2005 ■ Material IV./M 13 (materialgebundene Aufgabe): Singvögel im Garten ■ Bestimmungsbücher ■ FWU-CD-ROM 6640013: Die Vögel Europas, 1997 und FWU-CD-ROM 6640094: Faszinierende Welt der Vögel, 1997 – können zur Erweiterung der Artenkenntnis eingesetzt werden.
■ Als Überleitung erinnert L an das Verschwinden der Spatzen/Sperlinge aus unserer Umgebung. In einem kurzen freien Unterrichtsgespräch werden die Gründe erörtert: Die Lebensumgebung des Menschen hat sich so verändert, dass die notwendigen Voraussetzungen für Spatzen verschwunden sind, insbesondere die für den Nestbau unter Hausdächern. ■ L macht darauf aufmerksam, dass Sperlinge wie Tauben im Schwarm leben. ▶ **Problem:** Vor- und Nachteile des Schwarmlebens ■ Mit Material IV./M 14 erarbeiten die SuS die Lösung zur Problemstellung. ■ Die Feststellungen werden im Plenum verglichen und diskutiert. Verdeutlicht wird der Konflikt bzw. Kompromiss zwischen Nahrungskonkurrenz und Feindsicherung im Schwarm.	■ keine ■ Material IV./M 14 (materialgebundene Aufgabe): Gruppenbildung ■ keine

A./B.: 4. Vogelzug und Orientierung	
■ L thematisiert den jährlichen Vogelzug. ▶ **Problem:** Wie bestimmen Zugvögel die Zugrichtung? ■ Zur Erarbeitung der Problemfrage erhalten die SuS Material IV./M 15. Die Ergebnisse werden im Plenum zusammengefasst, erbliche und angelernte Komponenten herausgestellt.	■ keine ■ Material IV./M 15 (materialgebundene Aufgabe): Vogelzug
■ In einer kurzen Einstiegsdiskussion erarbeiten die SuS, dass zur Einhaltung der angeborenen Richtung eine Orientierung an Faktoren der Umwelt erfolgen muss. ▶ **Problem:** Woran orientieren sich Vögel auf ihrem Zug? ■ Mit Material IV./M 16 überprüfen die SuS in Kleingruppenarbeit zwei Möglichkeiten der Orientierung bei Zugvögeln. ■ Die Ergebnisse der SuS werden in der abschließenden Plenumsrunde festgehalten, die weiterführenden Fragen diskutiert.	■ keine ■ Material IV./M 16 (materialgebundene Aufgabe): Vogelzug: Orientierung ■ keine ■ Zur Vertiefung bieten sich an: FWU-VHS-Video 4201951: Mit den Störchen nach Afrika, 15 Min., f, 1995; FWU-VHS-Video 4210418: Zugvögel – Pendler zwischen zwei Lebensräumen, 15 Min., f, 2002 ■ Mit der Folie „Wanderstrecken von Fledermäusen" kann die Thematik der Tierwanderungen an dieser Stelle erweitert werden. ■ Bei der Nutzung des Internets zum Thema Vogelzug bietet sich die Homepage des Naturschutzbundes Deutschland an: *http://www.nabu.de/tiereundpflanzen/voegel/zugvoegel/index.html* Hier findet man u. a. Grundinformationen zum Vogelzug sowie das aktuelle „Reisetagebuch" eines Weißstorchs aus den Jahren 2009/2010. Einen Blick in die „Kinderstube" bietet *http://www.storchennest.de*. Die Dokumentation eines Storchenprojekts aus den Jahren 2000/2001 findet sich auf *www.sosstorch.ch*.

IV. UE: Vögel

IV./M 1	Was ist ein Vogel?	Folienvorlage, materialgebundene AUFGABE

Arbeitsmaterial:

Ein Vogel ist ein _____ mit folgenden Merkmalen:

Lösung a): _____

Lösung b): _____

Lösung a): _____

Lösung b): _____

Lösung a): _____

Lösung b): _____

Lösung a): _____

Lösung b): _____

Lösung a): _____

Lösung b): _____

Lösung a): _____

Lösung b): _____

Aufgaben:

a) Trage sechs Merkmale zusammen, die einen Vogel auszeichnen!
b) Welche anderen Tiere besitzen die gefundenen Merkmale ebenfalls?
c) Welches Merkmal grenzt die Vögel eindeutig von allen anderen lebenden Tiergruppen ab?

IV. UE: Vögel

| IV./M 2 | Eine Feder | Materialgebundene AUFGABE |

Arbeitsmaterial:

Der Vogelkörper ist mit Federn bedeckt. Sie bilden das Gefieder. Man unterscheidet zwischen zwei Federtypen:

1. **Konturfedern:** Hierzu gehören die großen Federn der Flügel und des Schwanzes sowie alle anderen kleineren Federn, die den Körper bedecken. Diese Federn geben dem Vogelkörper sein Aussehen und seinen Umriss, also seine Kontur.

2. **Dunenfedern:** Sie sitzen meist unter den Konturfedern. Bei vielen Jungvögeln sind Dunen das einzige Federkleid. Dunen vermindern die Wärmeabgabe eines Vogels.

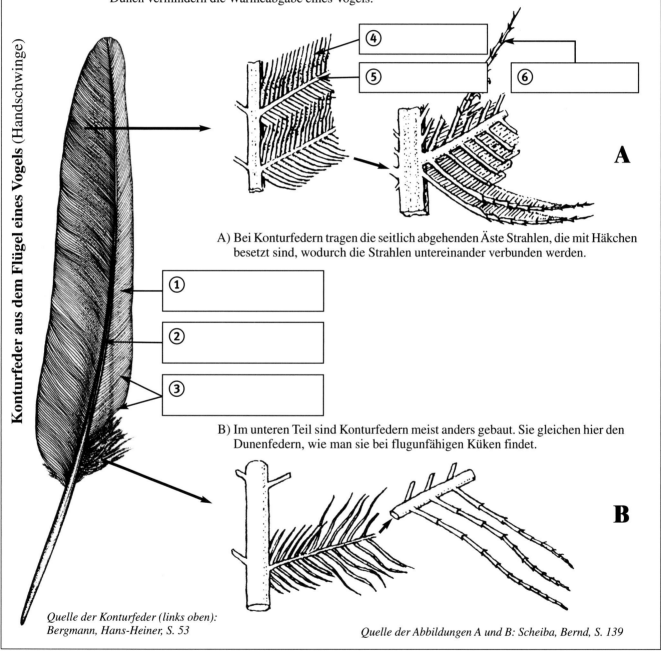

A) Bei Konturfedern tragen die seitlich abgehenden Äste Strahlen, die mit Häkchen besetzt sind, wodurch die Strahlen untereinander verbunden werden.

B) Im unteren Teil sind Konturfedern meist anders gebaut. Sie gleichen hier den Dunenfedern, wie man sie bei flugunfähigen Küken findet.

Quelle der Konturfeder (links oben): Bergmann, Hans-Heiner, S. 53

Quelle der Abbildungen A und B: Scheiba, Bernd, S. 139

Aufgaben:

a) Trage in die Kästchen 1 bis 3 zur Bezeichnung der Federteile die Begriffe *Äste, Fahne* und *Schaft* ein!
b) Beschrifte die Teilabbildung A (4 bis 6)! Wo sitzen die Häkchen genau? Wie funktionieren sie?
c) Beschreibe den Bau der Konturfeder im unteren Bereich (Abb. B)!
d) Erläutere die Bedeutung des besonderen Baues von Konturfedern und Dunen!

IV. UE: Vögel

| IV./M 3 | Der Vogelflügel | Materialgebundene AUFGABE |

Arbeitsmaterial:

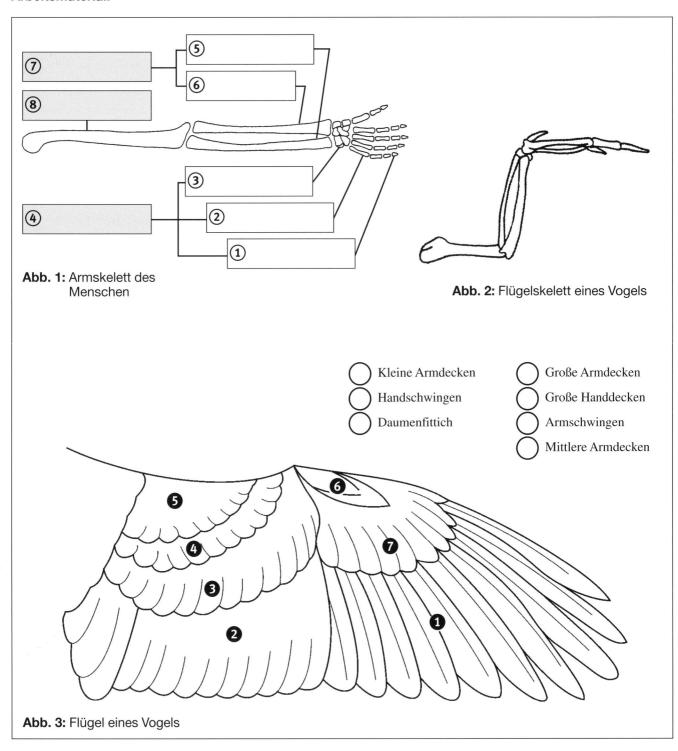

Abb. 1: Armskelett des Menschen

Abb. 2: Flügelskelett eines Vogels

○ Kleine Armdecken   ○ Große Armdecken
○ Handschwingen   ○ Große Handdecken
○ Daumenfittich   ○ Armschwingen
                     ○ Mittlere Armdecken

Abb. 3: Flügel eines Vogels

Aufgaben:

a) Vergleiche das Skelett des menschlichen Arms mit dem Skelett eines Vogelflügels! Beschrifte dazu die Abbildung 1 und male die entsprechenden Teile von Arm und Flügel in der gleichen Farbe an!
b) Welche Unterschiede findest du beim Flügelskelett? Erkläre sie!
c) Benenne die unterschiedlichen Federtypen eines Vogelflügels! Schreibe dazu die richtige Ziffer in die Klammer vor der Benennung!
d) Male die verschiedenen Federtypen farbig an!

IV. UE: Vögel

| IV./M 4 | Wie entsteht Auftrieb am Vogelflügel? | Schülerexperiment, materialgebundene AUFGABE |

Arbeitsmaterial:

Material 1:

Der Bernoulli-Effekt:

„Strömende Flüssigkeiten und Gase üben einen geringeren Druck auf ihre Umgebung aus als ruhende."

Abb. 1: Versuch zur Entstehung des Auftriebs

Tabelle 1:

Flügelunterseite	Entstehung des Auftriebs	Flügeloberseite
○ ○	kurzer Weg für die Luftteilchen langer Weg für die Luftteilchen	○ ○
○ ○	geringe Geschwindigkeit des Luftstroms hohe Geschwindigkeit des Luftstroms	○ ○
○ ○	Luftdruck verringert Luftdruck erhöht	○ ○
○ ○	Überdruck Unterdruck (Sog)	○ ○

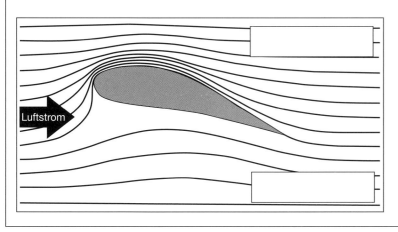

Abb. 2: Druckverhältnisse an einem Flügel

Aufgaben:

a) Führe den dargestellten Versuch (Abb. 1) durch und beschreibe was passiert.
b) Ordne die Aussagen in Tabelle 1 durch Ankreuzen der Oberseite oder Unterseite richtig zu! Nutze als Hilfe die Beobachtungen aus dem Experiment und den, BERNOULLI-Effekt!
c) Trage die Druckverhältnisse am Vogelflügel in die Abbildung 2 ein und kennzeichne die Wirkungsrichtung mit Pfeilen!
d) Formuliere in eigenen Worten, wie an einem Vogelflügel Auftrieb entsteht, durch den ein Vogel (oder ein Flugzeug) in der Luft schweben kann!?

IV. UE: Vögel

| IV./M 5 | Die Vogellunge | Materialgebundene AUFGABE |

Arbeitsmaterial:

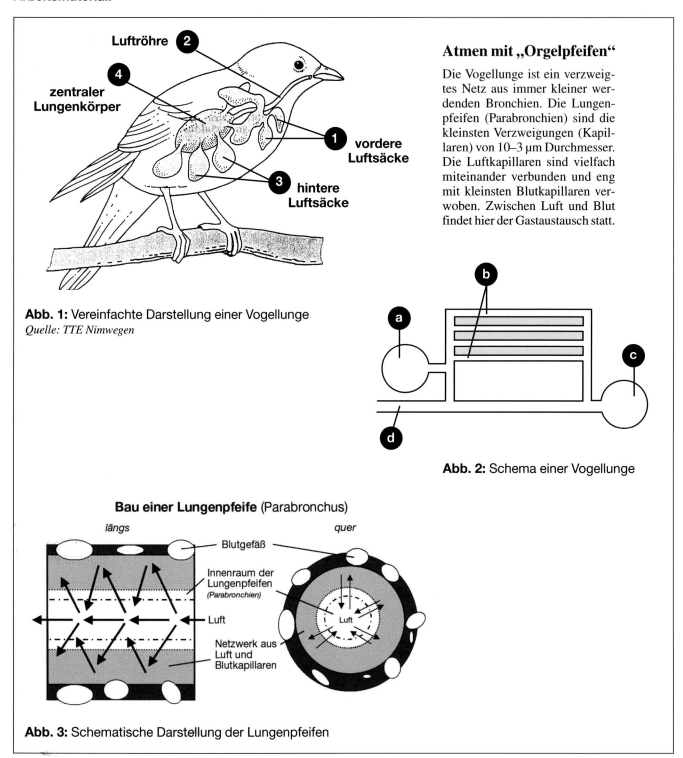

Abb. 1: Vereinfachte Darstellung einer Vogellunge
Quelle: TTE Nimwegen

Atmen mit „Orgelpfeifen"

Die Vogellunge ist ein verzweigtes Netz aus immer kleiner werdenden Bronchien. Die Lungenpfeifen (Parabronchien) sind die kleinsten Verzweigungen (Kapillaren) von 10–3 μm Durchmesser. Die Luftkapillaren sind vielfach miteinander verbunden und eng mit kleinsten Blutkapillaren verwoben. Zwischen Luft und Blut findet hier der Gastaustausch statt.

Abb. 2: Schema einer Vogellunge

Abb. 3: Schematische Darstellung der Lungenpfeifen

Aufgaben:

a) Beschreibe den Bau einer Vogellunge mithilfe der Abbildungen 1 und 2!
b) Übertrage die Beschriftung aus Abbildung 1 auf Abbildung 2, indem du die Ziffern zuordnest!
c) Was sind die beiden Hauptunterschiede zur menschlichen Lunge?
d) Beschreibe den Gaswechsel in einer Vogellunge nach Abbildung 3. Vergleiche auch hier mit den Verhältnissen beim Menschen!

IV. UE: Vögel

| IV./M 6 | Lungenatmung bei Vögeln | Materialgebundene AUFGABE |

Arbeitsmaterial:

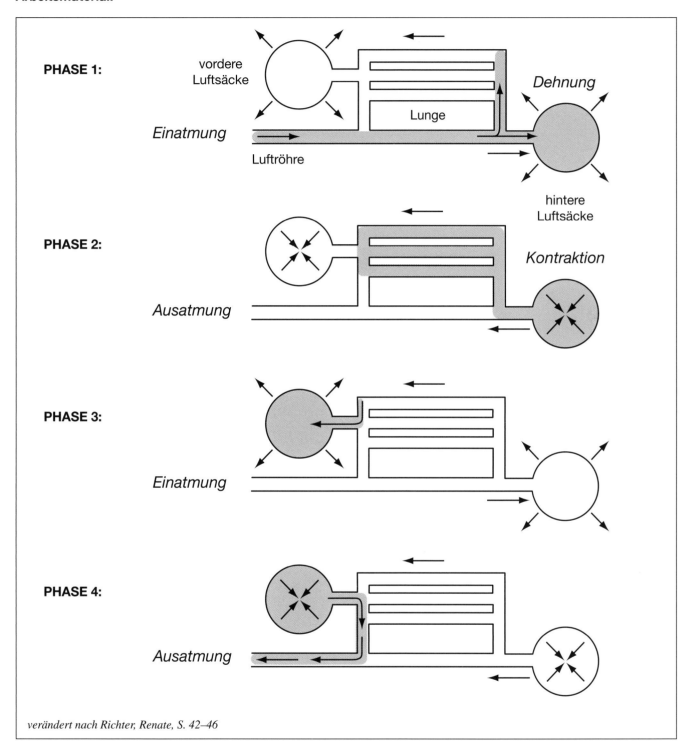

verändert nach Richter, Renate, S. 42–46

Aufgaben:

a) Kreuze die richtigen Antworten an:
   Wann wird die Luft aus der Lunge gesaugt?   1) beim Einatmen   2) beim Ausatmen
   Wann wird die Luft in die Lunge gedrückt?   1) beim Einatmen   2) beim Ausatmen
b) Der Luftstrom durch die Lunge …   1) ist immer gleich gerichtet.   2) wechselt beim Ein- und Ausatmen.
   Kreuze die Ziffer mit der richtigen Lösung an!
c) Beschreibe den Atemvorgang bei einem Vogel!

IV. UE: Vögel

| IV./M 7 | Hudern | Materialgebundene AUFGABE |

Arbeitsmaterial:

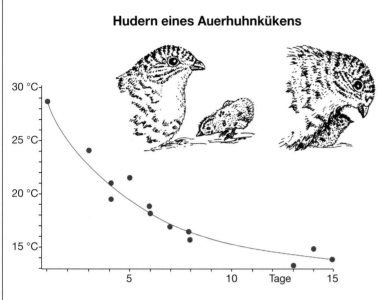

Abb. 1: Umgebungstemperatur, bei der sich ein Auerhuhnküken in den ersten Lebenstagen 20 Minuten lang im Freien aufhalten kann, ohne gehudert werden zu müssen.

Lebensnotwendige Wärme

Auerhuhnküken gehören zu den Nestflüchtern, deren Sinne bereits voll entwickelt sind, die laufen können und ein Dunenkleid besitzen.

Doch auch sie müssen nach dem Schlüpfen noch einige Wochen lang von Zeit zu Zeit unter dem Brustgefieder der Auerhenne gewärmt werden. Dies bezeichnet man als Hudern.

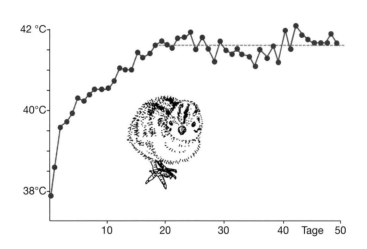

Abb. 2: Körpertemperatur eines Auerhuhnkükens in den ersten Lebenstagen
Quelle: Bergmann, Hans-Heiner, S. 107/108

Aufgaben:
a) Analysiere Abbildung 1! Formuliere die Aussage der Grafik und erkläre die Bedeutung des Huderns!
b) Erkläre die Notwendigkeit des Huderns mithilfe der Abbildung 2!
c) Wie erklärst du dir die Ergebnisse der Abbildung 2? Vögel werden als homöotherm (gleichwarm) angesehen. Welche Einschränkung ist zu machen?

IV. UE: Vögel

| IV./M 8 | Temperaturregulation | Materialgebundene AUFGABE |

Arbeitsmaterial:

Torpor

Kolibris sind winzige nektarsaugende Vögel des amerikanischen Kontinents. Sie sind berühmt für ihren Schwirrflug, mit dem sie vor den Blüten ihrer Futterpflanzen schweben. Um aktiv zu sein, müssen diese Winzlinge ununterbrochen Nahrung zu sich nehmen. Ihr Stoffwechsel ist hundertmal so hoch wie der des Menschen.

Wenn abends die Temperatur schnell absinkt, begibt sich ein Kolibri zur Ruhe. In der Nacht sitzt er unbeweglich auf einem Ast. Seine Körpertemperatur sinkt bis auf 18 °C ab, der Stoffwechsel ist auf 1/10 des Tageswertes reduziert, der Herzschlag verlangsamt sich. Der Vogel befindet sich in tiefer Lethargie. So übersteht der Kolibri die Nacht ohne Nahrungsaufnahme. Dieser Zustand wird als Torpor oder Torpidität bezeichnet.

Kolibri *Foto: © Frah*

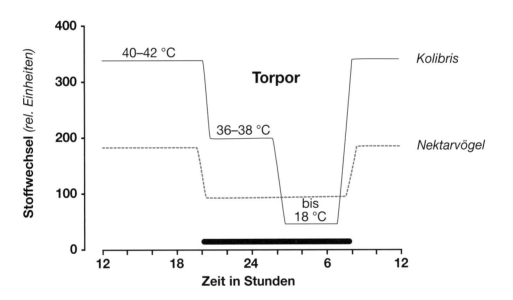

Abb. 2: Schematische Darstellung der Tagesgänge von Energieumsatz und Körpertemperatur bei torporfähigen Kolibris und nicht torporfähigen Nektarvögeln (jeweils ca. 10 verschiedene Arten von 5 bis 15 g Masse)

Aufgaben:

a) Welche Fähigkeit besitzen Nektarvögel, um die Temperaturschwankung im Tag-Nacht-Rhythmus ertragen zu können?
b) Vergleiche die Reaktion auf Temperaturschwankungen bei Nektarvögeln und Kolibris!
c) Erläutere die biologische Bedeutung des Torpors für die Kolibris!

IV. UE: Vögel

| IV./M 9 | Wärmeeinsparung | Materialgebundene AUFGABE |

Arbeitsmaterial:

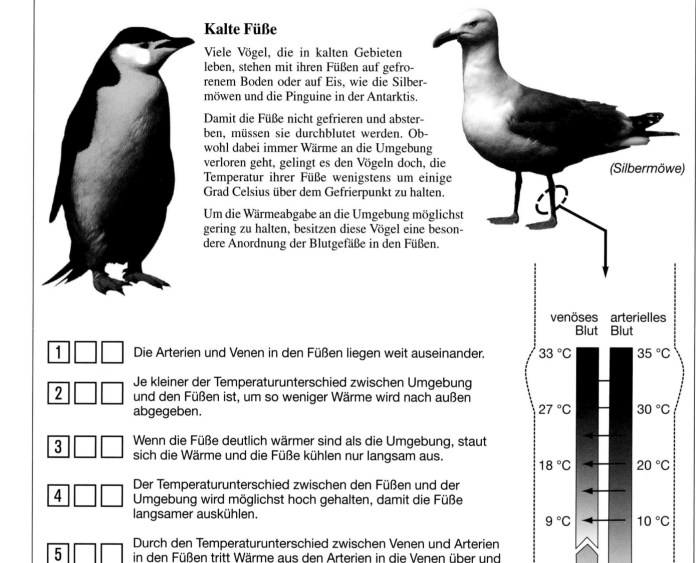

Kalte Füße

Viele Vögel, die in kalten Gebieten leben, stehen mit ihren Füßen auf gefrorenem Boden oder auf Eis, wie die Silbermöwen und die Pinguine in der Antarktis.

Damit die Füße nicht gefrieren und absterben, müssen sie durchblutet werden. Obwohl dabei immer Wärme an die Umgebung verloren geht, gelingt es den Vögeln doch, die Temperatur ihrer Füße wenigstens um einige Grad Celsius über dem Gefrierpunkt zu halten.

Um die Wärmeabgabe an die Umgebung möglichst gering zu halten, besitzen diese Vögel eine besondere Anordnung der Blutgefäße in den Füßen.

(Silbermöwe)

1 ☐ ☐ Die Arterien und Venen in den Füßen liegen weit auseinander.

2 ☐ ☐ Je kleiner der Temperaturunterschied zwischen Umgebung und den Füßen ist, um so weniger Wärme wird nach außen abgegeben.

3 ☐ ☐ Wenn die Füße deutlich wärmer sind als die Umgebung, staut sich die Wärme und die Füße kühlen nur langsam aus.

4 ☐ ☐ Der Temperaturunterschied zwischen den Füßen und der Umgebung wird möglichst hoch gehalten, damit die Füße langsamer auskühlen.

5 ☐ ☐ Durch den Temperaturunterschied zwischen Venen und Arterien in den Füßen tritt Wärme aus den Arterien in die Venen über und wird so zurückgewonnen und zum Körperinneren transportiert.

6 ☐ ☐ Durch den Übertritt von den Arterien in die Venen wird die Wärme länger in den Füßen gehalten und wärmt diese länger.

7 ☐ ☐ In den Füßen liegen Arterien und Venen eng nebeneinander.

8 ☐ ☐ Zwischen Venen und Arterien entsteht ein Temperaturunterschied, weil der Blutfluss in den beiden Gefäßen gegenläufig ist.

Aufgaben:

a) Kreuze die vier richtigen Aussagen zur Wärmeeinsparung in den Füßen kälteangepasster Vögel an!
b) Bringe die Aussagen durch Nummerierung in die richtige Reihenfolge!

IV. UE: Vögel

| IV./M 10 | Sinne | Materialgebundene AUFGABE |

Arbeitsmaterial:

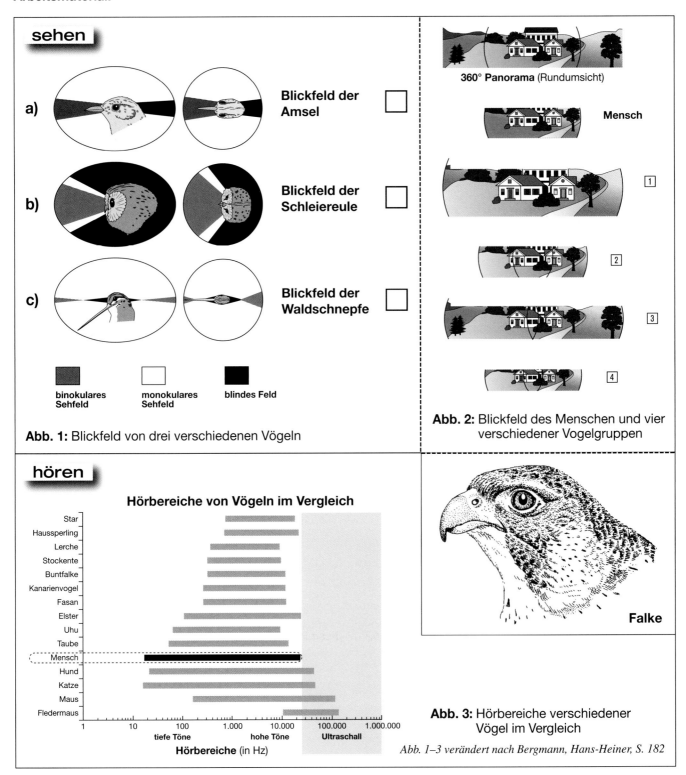

Abb. 1: Blickfeld von drei verschiedenen Vögeln

Abb. 2: Blickfeld des Menschen und vier verschiedener Vogelgruppen

Abb. 3: Hörbereiche verschiedener Vögel im Vergleich

Abb. 1–3 verändert nach Bergmann, Hans-Heiner, S. 182

Aufgaben:

a) Erläutere die in Abbildung 1 dargestellten verschiedenen Blickfelder der drei Vogelarten!
b) Ordne den drei Arten a) bis c) jeweils eines der Blickfelder 1 bis 4 aus Abbildung 2 begründet zu!
c) Welches Blickfeld würdest du dem groß abgebildeten Falken zuordnen?
d) Vergleiche die Hörbereiche der Vögel miteinander, mit dem Hörbereich des Menschen und denen der aufgeführten Säugetiere (Abb. 3)!

IV. UE: Vögel

IV./M 11	Vogelvielfalt	Materialgebundene AUFGABE

Arbeitsmaterial:

Die bekanntesten Vogelordnungen:

Ordnung: **Flachbrustvögel**	Artenanzahl: 11
Wichtige Vertreter: Strauße, Nandus, Kasuare, Kiwis	

Ordnung: **Röhrennasen**	Artenanzahl: 98
Wichtige Vertreter: Albatros, Sturmvogel, Sturmschwalbe, Lummen	

Ordnung: **Pinguine**	Artenanzahl: 16
Wichtige Vertreter: Pinguine	

Ordnung: **Lappentaucher**	Artenanzahl: 20
Wichtige Vertreter: Lappentaucher	

Ordnung: **Ruderfüßer**	Artenanzahl: 57
Wichtige Vertreter: Pelikane, Kormorane	

Ordnung: **Schreitvögel**	Artenanzahl: 113
Wichtige Vertreter: Reiher, Störche, Ibisse	

Ordnung: **Flamingos**	Artenanzahl: 5
Wichtige Vertreter: Flamingos	

Ordnung: **Entenvögel**	Artenanzahl: 159
Wichtige Vertreter: Entenartige	

Ordnung: **Neuweltgeier**	Artenanzahl: 7
Wichtige Vertreter: Neuweltgeier	

Ordnung: **Greifvögel**	Artenanzahl: 226
Wichtige Vertreter: Habichtartige	

Ordnung: **Falken**	Artenanzahl: 61
Wichtige Vertreter: Falken, Geierfalken	

Ordnung: **Hühnervögel**	Artenanzahl: 259
Wichtige Vertreter: Hühner, Großfußhühner	

Ordnung: **Kranichvögel**	Artenanzahl: 206
Wichtige Vertreter: Rallen, Kraniche, Trappen	

Ordnung: **Schnepfen-, Möwen-, Alkenvögel**	Artenanzahl: 329
Wichtige Vertreter: Austernfischer, Schnepfen, Möwen, Seeschwalben, Alken	

Ordnung: **Taubenvögel**	Artenanzahl: 304
Wichtige Vertreter: Tauben	

Ordnung: **Papageien**	Artenanzahl: 340
Wichtige Vertreter: Papageien	

Ordnung: **Kuckucksvögel**	Artenanzahl: 153
Wichtige Vertreter: Turakos, Kuckucke	

Ordnung: **Eulen**	Artenanzahl: 156
Wichtige Vertreter: Schleiereulen, Eulen	

Ordnung: **Segler**	Artenanzahl: 87
Wichtige Vertreter: Baumsegler	

Ordnung: **Kolibris**	Artenanzahl: 317
Wichtige Vertreter: Kolibris	

Ordnung: **Rackenvögel**	Artenanzahl: 200
Wichtige Vertreter: Eisvögel, Spinte, Hopfe, Nashornvögel, Racken	

Ordnung: **Spechtvögel**	Artenanzahl: 386
Wichtige Vertreter: Spechte, Honiganzeiger, Bartvögel	

Ordnung: **Sperlingsvögel**	Artenanzahl: 5.355
Wichtige Vertreter: Singvögel, Schwalben	

Aufgaben:

a) Erstelle mithilfe des Tabellenkalkulations-Programms Excel aus den gegebenen Daten eine Grafik zur Artenzahl bei den Vogelordnungen!
b) Illustriere die Grafik mit Bildern aus der ClipArt-Gallery!
c) Errechne mit dem Programm, wie viele Vogelarten es (ungefähr) auf der Welt gibt, indem du die Artenzahlen addierst!

IV. UE: Vögel

| IV./M 12 | Lebensräume und Artendichte | Materialgebundene AUFGABE |

Arbeitsmaterial:

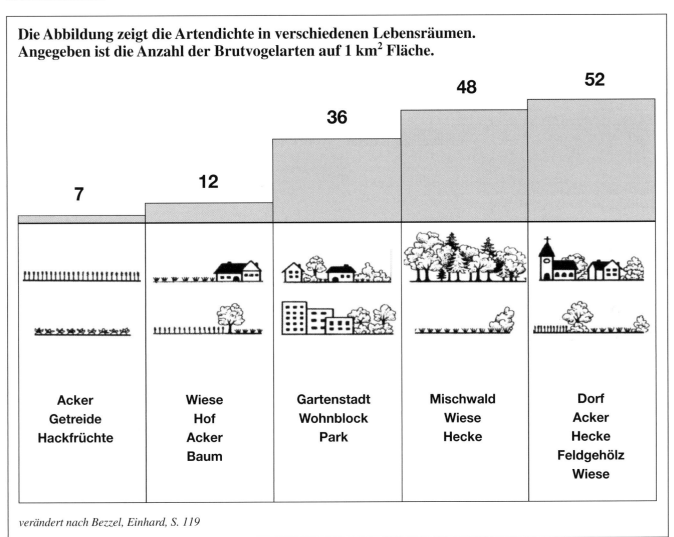

Die Abbildung zeigt die Artendichte in verschiedenen Lebensräumen. Angegeben ist die Anzahl der Brutvogelarten auf 1 km² Fläche.

verändert nach Bezzel, Einhard, S. 119

Aufgaben:

a) Formuliere die Aussage der Abbildung mit eigenen Worten!
b) Erkläre die dargestellten Ergebnisse!

IV. UE: Vögel

| IV./M 13 | Singvögel im Garten | Materialgebundene AUFGABE |

Arbeitsmaterial:

Die Abbildung 1 zeigt die bevorzugten Orte der Nahrungssuche einiger Singvögel im Garten, die ihre Brut mit Insekten, Insektenlarven und anderen Kleintieren füttern.

Nahrung:
- Regenwurm
- kleine Gehäuseschnecke
- Vollinsekt
- Raupe, Larve

1 Amsel; 2 Singdrossel; 3 Gartengrasmücke; 4 Rotkehlchen;
5 Bachstelze; 6 Kleiber; 7 Blaumeise; 8 Grauschnäpper;
9 Zilpzalp; 10 Mehlschwalbe

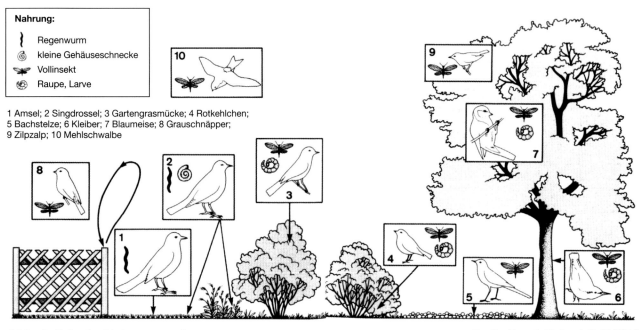

Abb. 1: Orte der Nahrungssuche

Quelle: Bezzel, Einhard, S. 114/115

Aufgaben:

a) Wähle selbst drei Arten aus und beschreibe anhand der Abbildung 1 deren ökologische Einnischung / die Spezialisierung in Bezug auf die Nahrungswahl!

b) Werte die Abbildung 1 aus: Welche Arten stehen miteinander in Konkurrenz und warum? Wie stark ist diese Konkurrenz? Wodurch wird die Konkurrenz möglicherweise verringert?

c) Male die separaten Vogelbilder (4–7) farbig aus! Informiere dich über das Aussehen in einem geeigneten Bestimmungsbuch o. Ä.!

IV. UE: Vögel

| IV./M 14 | Gruppenbildung | Materialgebundene AUFGABE |

Arbeitsmaterial:

Ein Spatzenschwarm

Feldbeobachtungen von Haussperlingen *(Passer domesticus)* haben gezeigt, dass ein einzelner Vogel sich zur Futtersuche kaum von einer schützenden Hecke entfernt. Reiche Futtervorkommen, etwa auf einem großen Feld, bleiben so ungenutzt. Nur mehrere Sperlinge gemeinsam fliegen von der Hecke weg und gehen auf dem freien Feld auf Futtersuche. Hier sind sie aber einem Raubfeind ungeschützt ausgesetzt. Um dem plötzlichen Zugriff eines Räubers zu entgehen, merken die Vögel immer wieder auf, indem sie den Kopf heben und die Umgebung beobachten.

Den Nutzen der Wachsamkeit hat ein englischer Forscher in einem Experiment nachgewiesen: Er hat einen abgerichteten Habicht aus einer bestimmten Entfernung auf Gruppen von Nahrung suchenden Tauben losgelassen. Das Ergebnis zeigt Abbildung 1.

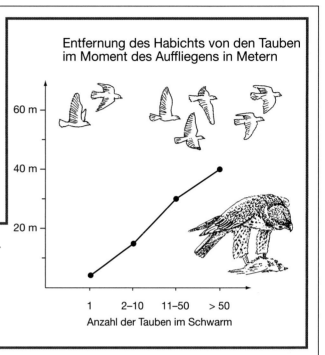

Abb. 1: Nutzen der Wachsamkeit

verändert nach Bergmann, Hans-Heiner, S. 315/317

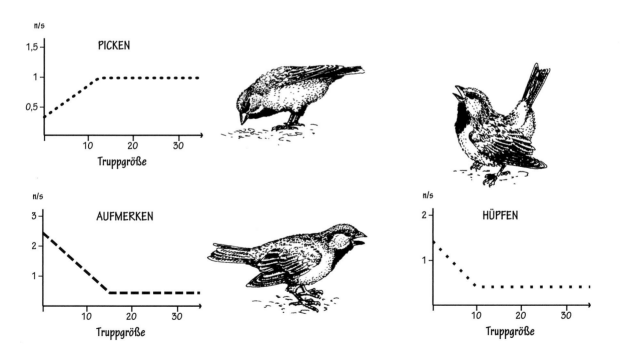

Abb. 2: Häufigkeit von Picken, Aufmerken und Herumhüpfen von Haussperlingen in verschieden großen Gruppen (n/s = Anzahl pro Sekunde)

Quelle aller Tierabbildungen: Aulis 2010

Aufgaben:

a) Was ist der Grund für die Bildung von Gruppen bei der Futtersuche? Werte dazu auch Abbildung 1 aus!
b) Welche weiteren Vorteile bietet die Gruppe für Sperlinge? Werte hierzu Abbildung 2 aus!
c) Welcher Nachteil erwächst bei der Nahrungssuche aus dem Zusammenschluss zu Gruppen?

IV. UE: Vögel

| IV./M 15 | Vogelzug | Materialgebundene AUFGABE |

Arbeitsmaterial:

Wie legen Zugvögel die Richtung ihrer Wanderung fest?

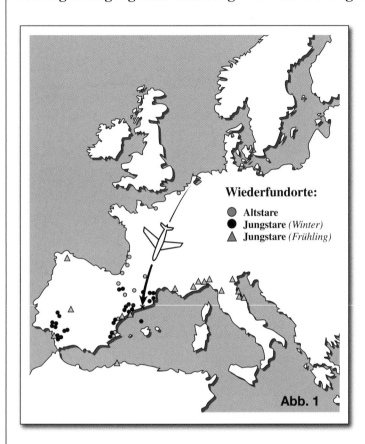

Wiederfundorte:
- ● Altstare
- ● Jungstare *(Winter)*
- ▲ Jungstare *(Frühling)*

Abb. 1

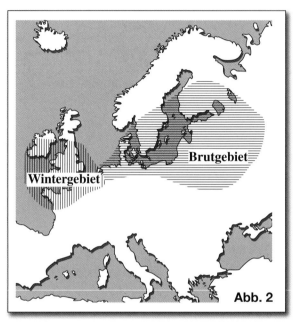

Abb. 2

In Freilandversuchen wurde in den 1950er Jahren untersucht, wie sich Vögel auf ihrem Zug orientieren. Speziell die Frage nach der Festlegung der Richtung für den Weg- und Heimzug sollte beantwortet werden.

Der Holländer PERDECK verfrachtete dazu auf dem Durchzug in Holland rastende Stare nach Spanien. Insgesamt wurden fast 3.600 Stare gefangen, beringt und dann in Barcelona wieder freigelassen. Die Wiederfundorte zeigt Abbildung 1. In Vorversuchen ermittelte der Forscher das Brut- und Winterquartier der Vögel (Abb. 2).

Zur Erklärung: Altstare sind erfahrene Vögel, die mindestens einmal gezogen sind; Jungstare sind erst im Testjahr geschlüpft und ziehen zum ersten Mal.

Winter: Die Tiere befinden sich auf dem Zug ins Überwinterungsquartier.
Frühjahr: Die Tiere befinden sich auf dem Heimflug in ihr Brutgebiet.

Aufgaben:

a) Werte Abbildung 1 aus!
b) Vergleiche die Zugrichtungen der Jungtiere nach der Wiederfreilassung mit der ursprünglichen Zugrichtung der Vögel (Abb. 2)! Welchen Schluss ziehst du daraus?
c) Welche Richtung schlagen die Altvögel ein? Welche Gründe könnte dies haben?

IV. UE: Vögel

| IV./M 16 | Vogelzug: Orientierung | Materialgebundene AUFGABE |

Arbeitsmaterial:

Die geheimen Sinne der Vögel

Zugvögel finden ihr Winterquartier über Tausende von Kilometern, selbst wenn sie als Jungvögel zum ersten Mal und alleine ziehen. „Brieftauben" kehren zielsicher in den heimischen Schlag zurück. Dies sind Beispiele für die außergewöhnliche Orientierungsfähigkeit der Vögel.

Aber wonach richten sich die Vögel, um ihr Ziel zu erreichen? Um diese Frage zu klären, wurden Versuche mit Zugvögeln gemacht, die in Gefangenschaft während der Zeit, in der ihre freien Artgenossen auf dem Vogelzug sind, eine „Zugunruhe" zeigen: Sie hüpfen im Käfig umher und schwirren mit den Flügeln, als wenn sie fliegen würden. Schon früh ist den Forschern diese Zugunruhe aufgefallen und sie stellten ebenfalls fest, dass die Vögel dabei immer die Himmelsrichtung bevorzugen, in die sie beim tatsächlichen Wegzug fliegen würden. In der Folgezeit wurden einige Hypothesen zur Orientierung der Vögel untersucht.

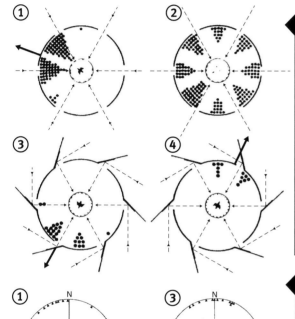

Hypothese 1: Die Vögel orientieren sich an der Sonne

Zur Überprüfung dieser Hypothese wurden schon Ende der 1940er Jahre von dem deutschen Biologen KRAMER tagziehende Stare in Rundkäfigen mit kreisförmigen Sitzstangen untersucht. Die Tiere kamen in ihrem Rundkäfig in einen Pavillon mit Fenstern, durch die das Sonnenlicht ungehindert einfallen konnte, an denen es aber auch durch Spiegel eine Möglichkeit zur Ablenkung des Sonnenlichts gab. Festgehalten wurde in den Versuchsreihen, in welche Richtung die Vögel ihre Schwirraktivität hauptsächlich ausrichten.

Versuchsanordnungen:
1. Die Stare wurden unter klarem Himmel mit ungehindertem Lichteinfall getestet.
2. Der Versuch wurde bei bedecktem Himmel durchgeführt.
3. und 4. Der Lichteinfall durch die Fenster wurde jeweils um 90° verändert.

Hypothese 2: Die Vögel orientieren sich am Magnetfeld der Erde

1979 wurde diese Hypothese von VIEHMANN untersucht. Er hielt nachtziehende Mönchsgrasmücken in geschlossenen Räumen ohne Himmelssicht. Die Käfige besaßen in alle Himmelsrichtungen präparierte Sitzstangen, um die Bevorzugung einer Richtung während der Schwirrzeit zu erfassen. Die Ergebnisse aller Versuche wurden zusammengefasst und als „Kompassnadel" im Innenkreis des Diagramms dargestellt.

Versuchsanordnungen:
1. normales Magnetfeld (im Herbst)
2. normales Magnetfeld (im Frühjahr)
3. umgepoltes Magnetfeld (N = S) (im Herbst)
4. abgeschwächtes Magnetfeld

Quelle: Berthold, Peter, S. 45, 147, 172

Aufgaben: (zu beiden Hypothesen)
a) Analysiere das Material! Entscheide, ob durch den Versuch die Hypothese bestätigt oder widerlegt wird! Begründe deine Auffassung!
b) Welchen Vorteil haben Laborversuche gegenüber Freilanduntersuchungen?

Fragen zum Weiterdenken zu Hypothese 1 (Sonnenkompass):
a) Welches Problem bringt eine Orientierung an der Sonne mit sich? Welche weitere Fähigkeit müssen Vögel also besitzen, um sich an der Sonne orientieren zu können?
b) Stare sind Tagzieher. Andere Vögel ziehen nachts, wenn keine Sonne scheint. Auch sie finden ihren Weg. Woran könnten sich diese Vögel orientieren? Wie könnte man deine Vermutung überprüfen?

IV.2.3 Lösungshinweise

IV./M 1 — Was ist ein Vogel?

a) Ein Vogel ist ein Wirbeltier mit folgenden Merkmalen: Ein Vogel … 1) … hat einen Hornschnabel; 2) … läuft auf zwei Beinen; 3) … hat Federn; 4) … kann (aktiv) fliegen; 5) … ist gleichwarm; 6) … legt Eier (mit Schale).
b) 1) Schnabeligel, Schnabeltier; 2) Mensch, Känguru; 3) keine; 4) Fledermäuse; 5) Säugetiere; 6) Reptilien
c) Von allen rezenten Tiergruppen unterscheiden sich die Vögel eindeutig durch den Besitz von Federn.

IV./M 2 — Eine Feder

a) Kästchen: 1 – Fahne, 2 – Schaft, 3 – Äste
b) Kästchen: 4 – Strahlen, 5 – Äste, 6 – Häkchen. Die Häkchen sitzen an den zur Federspitze liegenden Strahlen (Hakenstrahlen). Sie haken sich nach vorne in die Strahlen des nächsten Astes ein, deren obere Kanten entsprechend gebogen sind (Bogenstrahlen). So entsteht die geschlossene Federfahne.
c) Im unteren Bereich kann die Fahne einer Konturfeder dunig aufgelöst sein. Die Äste tragen hier keine Strahlen.
d) Herausgestellt werden sollte: Konturfedern eignen sich mit ihren geschlossenen Fahnen als schützende Körperbedeckung sowie als Tragflächen zum Flug. Dunen bilden eine eher pelzartige Körperbedeckung, die der Wärmeisolierung dient.

IV./M 3 — Der Vogelflügel

a) Beschriftung Abbildung 1:
1 – Finger, 2 – Mittelhand, 3 – Handwurzel, 4 – Hand, 5 – Speiche, 6 – Elle, 7 – Unterarm, 8 – Oberarm
b) Am Vogelarm sind insbesondere die Bestandteile der Hand stark reduziert. Im Vergleich zur fünfstrahligen Menschenhand fehlen einige Teile ganz. Insgesamt ist die Hand lang gestreckt. Die Unterschiede stehen im Zusammenhang mit dem Fliegen. Der Vogelarm ist so gebaut, dass die ansetzenden Federn einen Flügel bilden.
c) 1 – Handschwingen, 2 – Armschwingen, 3 – Große Armdecken, 4 – Mittlere Armdecken, 5 – Kleine Armdecken, 6 – Daumenfittich, 7 – Große Handdecken

IV./M 4 — Wie entsteht Auftrieb am Vogelflügel?

a) Bläst man den Papierflügel auf der Oberseite an, hebt sich der frei herabhängende Teil des Blattes.
b) Auf der Flügelunterseite besteht für die Luftteilchen ein kurzer Weg, weshalb die Geschwindigkeit des Luftstroms gering ist. Wendet man die Aussage Bernoullis auf die beiden Luftströme an, so ist auf der Flügelunterseite der Luftdruck erhöht; auf der Unterseite besteht also ein Überdruck. Genau umgekehrt ist es auf der Flügeloberseite. Die Luftteilchen legen hier einen langen Weg zurück. Dadurch verringert sich an der Flügeloberseite der Luftdruck und ein Unterdruck entsteht.

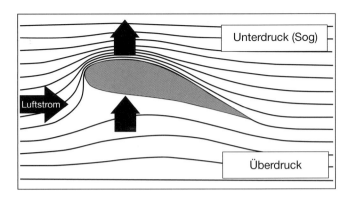

c) Aus der Betrachtung des Experiments in Abbildung 1 lässt sich schließen, dass der Sog an der Oberseite größer sein muss, als der Überdruck auf der Unterseite denn er allein reicht aus, um das Blatt anzuheben.
d) Der bei der Umströmung eines Flügels entstehende Unterdruck (Sog) auf der Oberseite und der (Über-)Druck auf der Unterseite ergeben zusammen den Auftrieb.

IV./M 5 — Die Vogellunge

a) Eine Vogellunge besteht aus dem zentralen Lungenkörper und den feinen Parabronchien (Lungenpfeifen). In diese mündet die Luftröhre und nach hinten bzw. nach vorne zweigen Luftsäcke ab.
b) a: 1 *(vordere Luftsäcke)*, b: 4 *(Lunge)*, c: 3 *(hintere Luftsäcke)*, d: 2 *(Luftröhre)*
c) Im Unterschied zur menschlichen Lunge besitzt die Vogellunge Luftsäcke und Lungenpfeifen.
d) Die durch einen Parabronchus (Lungenpfeife) fließende Luft diffundiert seitlich in das Netzwerk aus sich gegenseitig umspinnenden Luft- und Blutkapillaren. Hierbei tritt der Sauerstoff ins Blut über und wird über die größer werdenden Blutgefäße abtransportiert. Die Luft fließt in den Parabronchus zurück und wird schließlich ausgeatmet. Beim Menschen gelangt die Atemluft über die Bronchien bis zu den Lungenbläschen (Alveolen), wo der Sauerstoff ins Blutgefäßsystem diffundiert und abtransportiert wird. Beim Ausatmen gelangt die Atemluft auf dem gleichen Weg wie beim Einatmen wieder nach außen. Im Vergleich mit dem Menschen haben die Vögel also kein „Sackgassensystem" bei der Ventilation der Atemluft.

IV./M 6 — Lungenatmung bei Vögeln

a) Die (Hauptmenge an) Luft wird beim Einatmen (von den vorderen Luftsäcken) aus der Lunge gesaugt (1) und beim Ausatmen (aus den hinteren Luftsäcken) in die Lunge gedrückt (2).
b) Der Luftstrom durch die Lunge ist immer gleich gerichtet (1).
c) Beim Einatmen werden die Luftsäcke gedehnt. Hierbei strömt die Hauptmenge an frischer Luft durch die Luftröhre in die hinteren Luftsäcke. Ein kleiner Teil gelangt in die Lungen (Phase 1). Durch die Dehnung der vorderen Luftsäcke wird ebenfalls die verbrauchte Luft aus der Lunge gesaugt (Phase 3). Beim Ausatmen werden die Luftsäcke kontrahiert, wodurch die frische Luft

aus den hinteren Luftsäcken in die Lunge gelangt (Phase 2) und die verbrauchte Luft aus den vorderen Luftsäcken ausgeatmet wird (Phase 4).

IV./M 7 Hudern

a) Abbildung 1 zeigt auf der Y-Achse die Umgebungstemperatur, bei der ein Auerhuhnküken nicht innerhalb von 20 Minuten auskühlt. Die X-Achse gibt das Alter der Küken in Tagen an. Die Kurve zeigt, dass die Umgebungstemperatur, die 20 Minuten Entfernung von der hudernden Mutter erlaubt, zunächst hoch ist (fast 30 °C), aber mit zunehmendem Alter sinkt. Dabei ist die Abnahme exponentiell fallend, also zunächst sehr hoch (bis 5. Tag rd. 10 °C) und dann stark sinkend (5.–10. Tag rd. 4 °C, 10.–15. Tag 1–2 °C). Die Küken werden zunehmend unabhängiger von ihrer Umwelt(temperatur). In der Zeit, in der Auskühlungsgefahr in einer kalten Umgebung besteht, wird das Küken von der Henne durch Hudern wieder aufgewärmt.

b) Abbildung 2 zeigt, dass die Küken in den ersten rd. 20 Tagen ihres Lebens noch nicht die Körpertemperatur eines adulten (erwachsenen) Auerhuhns besitzen. Sie sind in der Gefahr, schnell auszukühlen, weil ihre Körpertemperatur noch stark von der Umgebungstemperatur abhängt. In dieser Zeit müssen die Küken durch Hudern gewärmt werden.

c) Die Ergebnisse zeigen, dass diese Vögel zwar gleichwarm (homöotherm) sind, dass diese Eigenschaft aber erst innerhalb der ersten drei Lebenswochen heranreifen muss.

IV./M 8 Temperaturregulation

a) Nektarvögel können in einem circardianen Rhythmus ihre Körpertemperatur in der Nacht absenken, um während der Nacht nicht so viel Wärme zu verlieren.

b) Im nächtlichen Torpor der Kolibris wird die Körpertemperatur über das Maß der normalen Nachtabsenkung hinaus auf einen Wert von ca. 18 °C abgesenkt. In diesem Zustand ist der Stoffwechsel und damit der Energieverbrauch für die Temperaturproduktion (bis auf 10 %) verringert.

c) Diese nächtliche Energieeinsparung ist ein teilweiser Ausgleich für den besonders hohen Energieverbrauch der Kolibris am Tag, der hauptsächlich durch den extrem energieaufwändigen Schwirrflug während der Nahrungsaufnahme verursacht wird.

IV./M 9 Wärmeeinsparung

a) Richtige Aussagen: 2, 5, 7, 8
b) Richtige Reihenfolge: 7, 8, 5, 2

IV./M 10 Sinne

a) Die Amsel hat durch die seitliche Anordnung der Augen ein großes Blickfeld, das nur einen kleinen rückwärtigen Bereich ausspart. Das binokulare Sehfeld ist dagegen recht klein, mit Grenzen fast parallel zur Kopfbreite. Bei der Schleiereule ist das Blickfeld auf eine Vorwärtssicht mit einer Begrenzung von rd. 45 ° zur Seite beschränkt. Allerdings wird fast das gesamte Sehfeld mit beiden Augen räumlich wahrgenommen. Der Grund liegt darin, dass die Augen wie bei Säugern auf der Vorderseite des Kopfes liegen. Bei der Waldschnepfe sind die Augen seitlich so exponiert, dass sie eine Rundumsicht hat, wobei vorn und hinten ein kleiner Bereich auch räumlich wahrgenommen wird. Ähnlich wären auch die jeweiligen vertikalen Blickfelder zu beschreiben.

b) Der Amsel (a) ist das Blickfeld 4 zuzuordnen. Ihr binokulares Sehfeld, also der Bereich des räumlichen Sehens, ist klein; das gesamte hingegen Blickfeld relativ groß. Zur Schleiereule (b) gehört das Blickfeld 2. Das gesamte Sehfeld ist klein, der binokulare Bereich dagegen relativ groß. Die Waldschnepfe (c) hat einen Panoramablick (Blickfeld 3), bei dem der Bereich des räumlichen Sehens sehr gering ist.

c) Dem Falken ist Blickfeld 1 zuzuordnen. Tagraubvögel besitzen eine erhöhte Anzahl von Sinneszellen in der Netzhaut. Hierdurch wird eine höhere Auflösung und damit ein größeres Bild erreicht.

d) Die Hörbereiche der Vögel liegen alle außerhalb des Ultraschallbereichs und gleichen hierin dem des Menschen. Alle hören gut im Bereich hoher Töne. Die Wahrnehmung tiefer Töne ist dagegen deutlich unterschiedlich und geringer als beim Menschen. Insbesondere Elster, Taube und Uhu können auch tiefe Töne gut hören. Bei einer Reihe anderer Vögel (von der Lerche bis zum Buchfink) endet der Hörbereich allerdings bereits bei mittleren Tonlagen. Star und Haussperling reichen mit ihrem Hörvermögen an die Grenze des Ultraschalls, während die Hörbereiche der anderen Vögel (mit Ausnahme der Elster) deutlich davor enden. Die Hörbereiche der Säugetiere sind sehr unterschiedlich, doch meist größer als bei Vögeln. Sie umfassen aber alle einen mehr oder weniger großen Teil des Ultraschallbereichs. Die Fledermaus hat einen besonders engen, hauptsächlich im Ultraschall liegenden Hörbereich.

IV./M 11 Artendichte

a), b) *Anmerkung: Die große Excel-Darstellung steht auf der nachfolgenden Seite.*

c) Die einfachste Möglichkeit, in Excel zu addieren: Die Artenzahlen werden untereinander in eine senkrechte Kästchenreihe der Seite des Excel-Programms eingetragen. Anschließend wird die Datenreihe markiert und das Summensymbol (Σ) gedrückt. Das Ergebnis der Addition wird unter der markierten Datenreihe ausgeworfen. Es gibt nach der Vorgabe 8.859 verschiedene Vogelarten.

IV. UE: Vögel

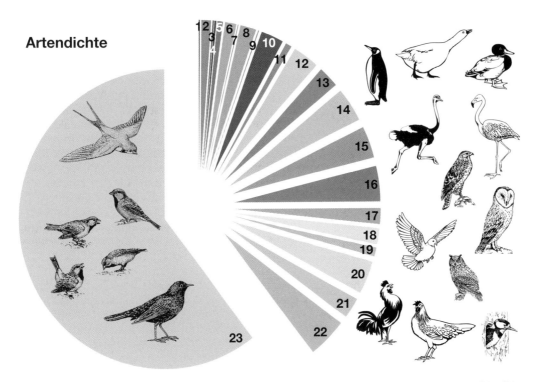

Artendichte

1 Flachbrustvögel <1%
2 Röhrennasen 1%
3 Pinguine <1%
4 Lappentaucher <1%
5 Ruderfüsser 1%
6 Schreitvögel 1%
7 Flamingos <1%
8 Entenvögel 2%
9 Neuweltgeier <1%
10 Greifvögel 3%
11 Falken 1%
12 Hühnervögel 3%
13 Kranichvögel 2%
14 Schnepfen-, Möwen-, Alkenvögel 4%
15 Taubenvögel 3%
16 Papageien 4%
17 Kuckucksvögel 2%
18 Eulen 2%
19 Segler 1%
20 Kolibris 4%
21 Rackenvögel 2%
22 Spechtvögel 4%
23 Sperlingsvögel 60%

IV./M 12 Lebensräume und Artendichte

a) Die Abbildung vergleicht die Artenanzahl brütender Vögel in verschiedenen Lebensräumen miteinander. Intensiv genutzte Ackerflächen haben die geringste Artendichte (7 Vogelarten). Auch die wirtschaftlich genutzte Umgebung von Bauernhöfen ist mit 12 brütenden Vogelarten noch recht artenarm. In einer aufgelockerten Wohngegend mit Parkfläche und sonstiger Begrünung findet sich dagegen eine dreifach größere Artendichte. Es überrascht, dass ein Dorf mit seinem Randbezirk, auch wenn er wirtschaftlich genutzt wird, in dieser Beispielreihe mit 52 Arten die höchste Diversität aufweist. Sie ist höher als in einem durch Wiesen und Hecken aufgelockerten Mischwaldgebiet (48 Arten).

b) Die Artenzahl steigt mit der Vielfältigkeit der dargestellten Lebensräume. Vielfältige Landschaften besitzen verschiedenartige Kleinlebensräume, die viele unterschiedlich spezialisierte Vogelarten nutzen können. Gleichförmige Landschaften bieten nur wenigen Arten (meist anspruchslose Generalisten) einen Lebensraum.

IV./M 13 Singvögel im Garten

a) Erwartet wird die Angabe von Nahrungsart und Ort der Nahrungssuche für drei beliebige Vogelarten der Abbildung 1.

b) Konkurrenz entsteht, weil sich die ökologischen Nischen der abgebildeten Vögel in den beiden Aspekten Nahrungsspektrum und Ort der Nahrungswahl mehr oder weniger stark überschneiden. So sind 8 und 10 zwei Insektenfresser, die ihre Beute in der Luft fangen. Die Konkurrenz wird aber dadurch verringert, dass 8 im bodennahen Luftraum jagt, während 10 höhere Bereiche bevorzugt. Zu den weiteren abgebildeten Insektenfressern besteht praktisch keine Konkurrenz, weil diese Insekten in Bäumen, Büschen oder am Boden fressen. Die Baumbewohner 9, 7 und 6 vermeiden Konkurrenz untereinander durch eine Aufteilung des Lebensraums Baum in drei Zonen der Nahrungssuche: äußerer Kronenbereich (9, dessen Nahrungsspektrum auch keine Insektenlarven enthält), innerer Kronenbereich (7) und Stamm (6). Starke Konkurrenz besteht zwischen 3 und 4, denn beide fressen adulte Insekten und Larven und suchen diese in bzw. unter Büschen. Bezüglich des Ortes der Nahrungswahl besteht auch eine Konkurrenz zwischen 4 und 5, wobei 4 aber durch das weitere Nahrungsspektrum Konkurrenz mindernd ausweichen kann. Durch ihr Nahrungsspektrum von allen anderen abgegrenzt, konkurrieren 1 und 2 umso stärker untereinander. Lediglich das um kleine Schnecken erweiterte Spektrum von 2 und seine Möglichkeit, auch Bodenflächen mit höherem Bewuchs zu nutzen, mindert die Konkurrenz zwischen den beiden Arten.

IV./M 14 Gruppenbildung

a) Die Gruppenbildung erfolgt, um der Gefahr durch Raubfeinde zu begegnen. Abbildung 1 zeigt, dass der Raubfeind, hier der Habicht, mit zunehmender Gruppengröße in weiterer Entfernung, d. h. früher entdeckt wird, sodass sich die Tauben durch Auffliegen retten können.

b) In Gruppen von 10 bis 15 Individuen sinkt die Zeit, in der das Einzeltier die Umgebung beobachtet (aufmerken), nahezu auf ein Fünftel. Gleichzeitig steigt die Zeit der Nahrungsaufnahme (picken) auf über das Doppelte, wodurch auch das Hüpfen stark reduziert wird. Ein Tier in der Gruppe kann sich also intensiver mit der Nahrungssuche beschäftigen, ohne dass die Wachsamkeit insgesamt sinkt, denn jetzt sichern zehn und mehr Vögel die Gruppe.

c) Mit steigender Gruppengröße nimmt die Nahrungskonkurrenz zwischen den Individuen zu.

IV. UE: Vögel

IV./M 15 Vogelzug

a) Die Abbildung 1 zeigt die Verfrachtung der gefangenen und beringten Stare von Holland nach Barcelona sowie die Wiederfundorte. Deren Verteilung zeigt, dass die meisten Altstare in Richtung Nord-Nordwest geflogen sind. Die Mehrzahl der Jungstare flog im Winter in südwestlicher Richtung, während sie im Frühjahr eine nordöstliche Richtung einschlugen.

b) Die ursprüngliche Zugrichtung der Stare war nach Abbildung 2 im Winter Südwest, beim Rückflug im Frühjahr Nordost. Die nach der Verfrachtung eingeschlagenen Zugrichtungen der unerfahrenen Jungstare entsprachen also der angeborenen Orientierung für den Weg- wie für den Heimzug.

c) Die Altvögel orientieren sich in Richtung Nordwest, wo tatsächlich das Wintergebiet liegt. Die adulten Vögel kennen ihr Winterquartier und müssen gelernt haben, sich nach Orientierungsmarken (Sonnenstand, Magnetfeld) zurecht zu finden.

IV./M 16 Vogelzug: Orientierung

a) Hypothese 1: *(Sonnenkompass)* Die Orientierung der Schwirrbewegung ist in Versuch 1 klar durch die Sonne gerichtet. Versuch 2 zeigt, dass diese Orientierung bei verdeckter Sonne nicht erfolgt: Die Zugunruhe ist in alle Himmelsrichtungen gleich verteilt. Auch bei den Spiegelversuchen orientieren sich die Tiere an der Sonne in ihrer für sie wahrnehmbaren Position um 90 ° nach links bzw. rechts verschoben. Die Versuche zeigen, dass sich die Vögel an der Sonne orientieren. Sie verhalten sich positiv phototaktisch, wie Versuch 1, aber auch die Versuche 3 und 4 belegen. Den negativen Beweis erbringt Versuch 2: Die Orientierung versagt bei diffusen Lichtverhältnissen.

Hypothese 2: *(Magnetkompass)* Im normalen Herbstmagnetfeld orientieren sich die Mönchsgrasmücken im Mittelwert nach Süd-Südwest (Versuch 1), im Frühjahr nach Nord-Nordost. Ist im Magnetfeld Nord und Süd vertauscht (Versuch 3), ist die Zugrichtung im Herbst Nord-Nordwest, was der normalen Herbstrichtung SSW in Versuch 1 entspricht. In einem abgeschwächten Magnetfeld (Versuch 4) zeigt sich keine eindeutige Richtungsorientierung. Die Versuche belegen eine Orientierung am Magnetfeld der Erde. Die Orientierung der Zugunruhe in Herbst und Frühjahr entspricht der tatsächlichen Zugrichtung der Vögel. Die Richtungsorientierung ist auch im umgepolten Magnetfeld konstant und verschwindet, wenn das Magnetfeld nicht ausreichend wahrnehmbar ist.

b) Laborexperimente erlauben kontrollierte Bedingungen herzustellen, in denen nur ein Faktor variiert wird.

Fragen zum Weiterdenken zu Hypothese 1 *(Sonnenkompass)*:

a) Die Sonne verändert ihre Position im Laufe des Tages. Die Tiere müssen bei der Sonnenorientierung die jeweilige Tageszeit berücksichtigen. Sie benötigen einen „Zeitsinn", eine sogenannte „innere Uhr".

b) Nachtzieher könnten sich am Magnetfeld orientieren. Denkbar wäre aber auch eine Orientierung an den Sternen. Auch hierbei müssen die Tiere die Zeit, also den Stand der Sterne berücksichtigen können. Eine Untersuchung, ob Vögel sich nach den Sternen orientieren, könnte in einem Planetarium durchgeführt werden, wo es möglich ist, verschiedene Sternkonstellationen zu simulieren.

IV.3 Medieninformationen

IV.3.1 Audiovisuelle Medien

FWU-VHS-Video 4200243: Die Amsel, 15 Min., f, 1992
Der Film zeigt die Amsel bei der Nahrungsaufnahme, bei der Suche nach einem Nistplatz, beim Nestbau, bei der Eiablage und Aufzucht der Jungen, wobei die Fütterung verdeutlicht wird. Dann sieht man, wie die Jungtiere mit den ersten Flatterversuchen das Nest verlassen.

DVD 4640795 und Online-DVD/Mediensammlung 5550525: Amseln in unserem Garten, 14 Min., f, 2005
Der Gesang des Amselmännchens, die verschiedenen Rufe und ihre Bedeutung für das Verhalten der Amseln untereinander stehen im Mittelpunkt dieses Films: Reviereinnahme und Verteidigung, Paarbildung, Bewachen der Brut, Warnung vor Feinden. Ein Trick macht bestimmte Körperhaltungen und -bewegungen deutlich, aus denen man auf die jeweilige Stimmung des Vogels schließen kann. In den anschließenden Realaufnahmen lässt sich dieses Ausdrucksverhalten nachvollziehen. Nestbauverhalten und Brutpflege des Weibchens werden ebenso angesprochen wie Komfortverhalten (Baden und Sonnen) und Strategien des Nahrungserwerbs im Laub und auf Rasenflächen. Der Film ist in folgende Sequenzen gegliedert, die einzeln abrufbar sind:
1. Die Amsel, ein Kulturfolger (1:48 Min.);
2. Drohhaltungen der Männchen (2:52 Min.);
3. Nestbau, Brut und Jungenaufzucht (6:24 Min.);
4. Der Gesang (2:59 Min.)

VHS-Video 4257601: Die Blaumeise, 13 Min., f, 2003
Der Film zeigt die Blaumeise im Wechsel der Jahreszeiten. Er beginnt im zeitigen Frühjahr mit Nistplatzsuche, Nestbau, Balz und Paarung. Die zeitintensive Aufzucht der Jungen und die Gefahren, die Eiern und Jungvögeln drohen, spielen sich im Sommer ab. Im Herbst stellen Blaumeisen ihre Nahrung von Raupen und Larven auf Samen und Nüsse um. Der Film endet mit den ersten Bildern vom Winter an einem Futterhäuschen.

FWU-VHS-Video 4201801 und FWU-DVD 4601027: Im Dorf der Weißen Störche, 25 Min., f, 1994/2000
Nestbau, Gelege und Brutpflege, insbesondere Nahrungserwerb und Füttern der Jungvögel werden gezeigt. Die Aufzucht und das Heranwachsen der Jungstörche, erste Flugversuche und das Flugverhalten erwachsener Tiere können beobachtet werden. Der Kampf zweier Storchenpaare wird ausführlich demonstriert.

IV. UE: Vögel

VHS-Video 4255497: Fliegen oder nicht fliegen? 43 Min., f, 2003
Eine Reise in die Vergangenheit: Aus der plumpen Gattung der Dinosaurier hatten einige Arten ein Federkleid ausgebildet und sich zu Vögeln entwickelt. Sie beherrschen die Erde, als Säugetiere noch ganz klein waren. Es gab sogar richtige „Raubvögel", die nicht einmal fliegen konnten. Solche sind heute mehr damit beschäftigt, sich selbst zu verteidigen. Entweder sie sind so groß wie der Strauß oder sie leben auf Neuseeland, das lange isoliert und so ein Paradies für Vögel war, wie die heute vom Aussterben bedrohten flugunfähigen Kiwi oder Kakapo.

FWU-VHS-Video 4201774: Flugkünstler und Bruchpiloten, 15 Min., f, 1989
Die großen Felsen in der Nordsee bieten verschiedenen Seevogelarten geeignete Kleinstlebensräume. Die einzelnen Seevögel sind durch ihre unterschiedliche Flugtechnik an solche Nischen optimal angepasst.

FWU-VHS-Video 4201048: Haussperlinge, 17 Min.
Der Film zeigt Haussperlinge beim Nestbau, bei der Werbung und Paarung, bei der Jungenaufzucht sowie beim geselligen Leben im Schwarm während der Nahrungssuche im Feld und während der Winterzeit.

VHS-Video 4258353: Der Haussperling, 15 Min., f, 2005
Jeder kennt ihn, den Haussperling – wenn auch oft nur unter seinem „Zweitnamen" Spatz. Fast überall auf der Welt ist er zu Hause. Seit er sich vor mehr als zehntausend Jahren dem Menschen angeschlossen hat, ist sein Lebensraum eng mit dem menschlichen Umfeld verknüpft. Vielleicht ist das der Grund, warum wir ihn kaum noch beachten und er viel weniger Aufmerksamkeit erhält als die meisten anderen Vogelarten. Der Unterrichtsfilm stellt den Haussperling vor und gibt einen Einblick in das Leben dieses kleinen Vogels, vom Nestbau über Brut und Aufzucht der Jungen bis hin zu deren Ausflug aus dem Nest. Abschließend macht der Film auf die Schwierigkeiten aufmerksam, die dieser liebenswerte Kulturfolger heutzutage damit hat, einen geeigneten Platz zum Brüten zu finden.

FWU-VHS-Video 4202330: Die Kohlmeise, 12 Min., f, 1998
Der Film stellt die Kohlmeise in verschiedenen Szenen vor: beim Gesang, dem Nestbau, beim Brüten und Füttern. Schließlich wird die Aufzucht der Brut und der Tod einer Brut durch eine Obstbaumspritzung gezeigt. Auch andere Vögel und eine Waldmaus sind zu sehen.

FWU-VHS-Video 4200239: Der Mäusebussard, 18 Min.
Der Film schildert Lebensweise und Verhalten des Mäusebussards: Balzflug, Ausbesserung des Horstes und Brutverhalten. Die Aufzucht der Jungvögel wird eingehend dargestellt. Die Funktion des Reißhakenschnabels, der Fang einer Maus und das Segeln im Aufwind sind zu sehen.

VHS-Video 4255495: Die Meister der Lüfte, 43 Min., f, 2003
Elegant gleiten, pfeilschnell stürzen oder mit der Thermik schwerelos in die Höhe schrauben – die Kunst des Fliegens wird von den meisten Vögeln perfekt beherrscht. Im Laufe der Evolution haben sie die dazu nötigen Fähigkeiten perfektioniert und sich ihrem Lebensraum angepasst. David Attenborough zeigt einige Erklärungen für die Entwicklung dieser Fähigkeiten und nimmt uns mit auf einen atemberaubenden Demonstrationsflug.

VHS-Video 4257432, DVD 4640318 und Online-DVD/Mediensammlung 5550121: Unsere heimischen Singvögel, 15 Min., f, D 2002/2003
Allein in Deutschland gibt es rund 170 verschiedene Singvogelarten. Der Film stellt einige bekannte heimische Singvögel vor und gibt Hinweise, an welchen Merkmalen man sie erkennen kann. Alle Singvögel haben eines gemeinsam: ihr kompliziert gebautes Stimmorgan – die Syrinx. Wie dieses Stimmorgan aussieht und wo es liegt, zeigt eine einfache Trickdarstellung. Am Beispiel des Buchfinken, des Grauschnäppers und der Singdrossel werden die unterschiedlichen an die jeweilige Ernährungsweise angepassten Schnabelformen vorgestellt. Doch nicht allein an der Schnabelform kann man die Vögel unterscheiden. Es gibt noch weitere Merkmale wie Statur, Körperhaltung, Färbung des Gefieders etc. Der Film ist in folgende sogenannte Schwerpunkte gegliedert, die einzeln abrufbar und jeweils um Problemstellungen und Materialien bereichert sind:
1. Gesang (3:55 Min.);
2. Schnabelform und Futtersuche (2:21 Min.);
3. Körperform und Gefiederfärbung (2:22 Min.);
4. Von der Blaumeise bis zum Eichelhäher (6:25 Min.)

VHS-Video 4254334 und DVD 4641139: Schwalben – Als Kulturfolger gefährdet? 15 Min., f, 1999/2006
Der Film stellt Mehlschwalbe und Rauchschwalbe vor, zwei Zugvögel, die früher in Deutschland weit verbreitet waren; heute sind sie seltener geworden. Aussehen und körperliche Merkmale beider Schwalbenarten werden kurz beschrieben. Anschließend geht der Film ausführlich auf die Rauchschwalbe ein. Eindrucksvolle Aufnahmen zeigen sie beim Nestbau, bei der Futtersuche und der Brutpflege. Schwalben sind Vögel der Luft; ihr Leben spielt sich fast ausschließlich im Flug ab. An verschiedenen Beispielen zeigt der Film, was der Mensch tun kann, damit Schwalben bei uns nicht noch seltener werden.

FWU-VHS-Video 4201951: Mit den Störchen nach Afrika, 15 Min., f, 1995
Der Film beginnt im schleswig-holsteinischen Bergenhusen mit einigen kurzen Szenen der Jungenaufzucht beim Weißstorch, z. B. dem Begrüßungsklappern der Eltern und den Flugübungen der Jungen. Dann folgt er den Störchen auf der Ostroute ihrer Wanderung in die afrikanischen Winterquartiere. Der Film geht auf die vielfältigen Bedrohungen und Gefahren ein, denen die Störche auf ihrer ca. 10.000 km langen Reise ausgesetzt sind. Eindrückliche Bilder zeigen, wie die Störche ohne Scheu ihre Nahrung neben Elefanten, Büffeln und Antilopen suchen. Auf das interessante Phänomen der Kühlung der nicht befiederten Beine durch Bekoten geht der Film ausführlich ein. So schützen sich die Tiere vor den ungewohnt hohen Temperaturen in Afrika. Nach einem Aufenthalt im Süden Afrikas geht es im Februar dann wieder nach Norden, zurück zu den Brutplätzen in Europa.

FWU-VHS-Video 4202107: Technik des Vogelfluges, 15 Min.
Der Film demonstriert die Entstehung des Auftriebs und

IV. UE: Vögel

Vortriebs beim Vogelflug. Er führt Gleit- und Schlagflug, Start und Landung vor und geht auf die Verwindung der Flügel beim Abschlag, den Strömungsverlauf beim Langsamflug und die Flugmanöver verschiedener Vögel ein.

Online-DVD/Mediensammlung 5551013: Wirbeltiere – Vögel, 27 Min., f, D 2007
Die Welt der Vögel ist vielfältig. Sie variieren in Größe, Form, Färbung, Befiederung etc. Sie alle besitzen einen Schnabel und unabhängig davon, ob sie fliegen können oder nicht, haben Vögel Federn.
Enten zählen zu den „Allroundern", was die Fortbewegung angeht. An der Schnabelform eines Vogels lässt sich einiges über seine Ernährung erkennen. Schwäne suchen ihre Nahrung auf dem Wasser bzw. gründeln am Boden. Der Pfau gehört zu den Hühnervögeln, sie sind Körnerfresser und picken ihre Nahrung vom Boden. Der Schnabel dient als Werkzeug und zum Trinken. Balzrituale dienen immer der Partnerfindung und sind bei jeder Vogelart verschieden – also art-spezifisch. Die Titel der Kurzfilme im Einzelnen:
1. Merkmale (8:09 Min.);
2. Fortbewegung (5:46 Min.);
3. Ernährung (3:59 Min.);
4. Fortpflanzung (7:56 Min.)

DVD 4640394: Vögel 1, 2003
Die DVD porträtiert den Vogel als einen hochentwickelten Spezialisten für ein Leben zwischen Himmel und Erde. Wasservögel, Laufvögel, Greifvögel, Nachtvögel. Alle sind Vögel und doch sind sie extrem unterschiedlich ausgeprägt. Bilder, Grafiken und Filmclips zu den Themen Lebensräume, Anatomie und Flugarten machen die DVD zu einer wichtigen Grundinformation.

Online-DVD/Mediensammlung 5550181: Vögel 1 – Anpassung an den Lebensraum, 24 Min., f, D 2003
Wie funktioniert das Fliegen? Was hält den Vogel – egal ob Kolibri oder Ente – in der Luft? Wie sieht das Zugverhalten der Schwalben aus?
Neben diesen grundlegenden Erläuterungen werden Vögel in ihren Lebensräumen porträtiert: Die Ente als bekannter Wasservogel; der Strauß als flugunfähiger Bodenbewohner; Eulen und Käuze als Vertreter der nachtaktiven Jägervögel. Das Pendant: Die bekannten Greifvögel, deren kulturelle Verbindung zum Menschen bis weit ins frühe Mittelalter reicht. Die Themen im Einzelnen:
1. Anatomie – Skelett (0:35 Min.);
2. Anatomie – Greifreflex (0:57 Min.);
3. Flug – Flugarten (1:30 Min.);
4. Flug – Flugprinzip (1:04 Min.);
5. Flug – Thermik (1:53 Min.);
6. Flug – Thermik: Aufgabe (0:52 Min.);
7. Flug – Thermik: Lösung (1:06 Min.);
8. Vogelzug – real (4:56 Min.);
9. Vogelzug – Trick (1:22 Min.);
10. Wasservögel – Nahrungsaufnahme: Enten (2:18 Min.);
11. Wasservögel – Nahrungsaufnahme: Stockente (1:03 Min.);
12. Wasservögel – Nahrungsaufnahme: Schlangenhalstaucher (1:04 Min.);
13. Laufvögel – Strauß (2:47 Min.);
14. Greifvögel – Habicht bei der Jagd (0:52 Min.);
15. Greifvögel – Turmfalke bei der Jagd (0:59 Min.)

DVD 4640395: Vögel 2, 2003
Vögel 2 zeigt die deutlichen und klar erkennbaren Verhaltensmuster vieler Vogelarten. Prägung, Instinkt und Schlüsselreiz sind einige der Stichworte die thematisiert werden. Balz, Nestbau, Aufzucht der Jungen sind andere. Die DVD zeigt diese Verhaltensweisen jedoch nicht nur an einem Vogel. Erst der Vergleich der unterschiedlichen Vogelarten zeigt dem Betrachter die vielfältigen Verhaltensformen, die sich bei Vögeln im Laufe der Evolution entwickelt haben. Neben unterschiedlichen Themenmodulen bietet die DVD viele Unterrichtsmaterialien zum Ausdrucken.

Online-DVD/Mediensammlung 5550182: Vögel 2 – Verhalten, 31 Min., f, D 2003
Ihr Verhaltensmuster ist keineswegs gleich. Vögel unterscheiden sich in dem, wo sie leben, was sie fressen, wie sie ihre Jungen aufziehen oder wie sie das Nest bauen. Hinter den angeborenen Verhaltensweisen wie Balz, Fütterinstinkt und Brutpflege verbirgt sich ein System verschiedener Auslösefaktoren, die aber erst dann etwas nutzen, wenn der Vogel sein Verhalten richtig koordinieren kann.
Der Vergleich unterschiedlicher Vogelarten (Blaumeise, Haushuhn, Turmfalke etc.) in Sachen Prägung, Nestbau, Nest- und Brutverteidigung etc. zeigt die vielfältigen Verhaltensformen, die sich bei Vögeln im Laufe der Evolution entwickelt haben. Die Themen im Einzelnen:
1. Aufzucht: Blaumeise (1:32 Min.);
2. Aufzucht: Haushuhn (0:48 Min.);
3. Aufzucht: Turmfalke (1:33 Min.);
4. Balz: Blaumeise (1:04 Min.);
5. Balz: Präriehuhn (0:53 Min.);
6. Balz: Renntaucher (0:55 Min.);
7. Balz: Turmfalke (0:59 Min.);
8. Turmfalke: Angeboren – aber nicht perfekt (1:55 Min.);
9. Haushuhn: Einrollen (0:43 Min.);
10. Fütterinstinkt (2:06 Min.);
11. Prägung: Haushuhn (1:26 Min.);
12. Prägung: Haushuhn – Aufgabe (1:21 Min.);
13. Prägung: Haushuhn – Lösung (1:02 Min.);
14. Nahrungssuche: Blaumeise (1:04 Min.);
15. Nahrungssuche: Haushuhn (0:45 Min.);
16. Nahrungssuche: Rauchschwalbe (0:54 min);
17. Nahrungssuche: Stockente (1:09 min);
18. Nest- und Brutverteidigung: Blaumeise (0:30 Min.);
19. Nest- und Brutverteidigung: Haushuhn (1:45 Min.);
20. Nestbau: Blässhuhn (0:59 Min.);
21. Nestbau: Rauchschwalbe (1:49 Min.);
22. Nestbau: Turmfalke (0:55 Min.);
23. Nestbau: Blaumeise (1:45 Min.);
24. Nestflüchter – Nesthocker: Blaumeise (1:59 Min.);
25. Nestflüchter – Nesthocker: Enten (2:13 Min.);
26. Nestflüchter – Nesthocker: Haushuhn (1:23 Min.);
27. Turmfalke (13:41 Min.)

CD-ROM 6640013: Die Vögel Europas, 1997
Diese CD enthält Informationen über 447 Vogelarten die in Europa vorkommen. Informative Texte, Bilder, Kartenmaterial über Verbreitung und Vorkommen stellen einen Fundus für alle vogelkundlich Interessierten dar. Suchregister, Lexikon und Bestimmungshilfen bieten vielfältige Zugangsmöglichkeiten zur Identifikation einzelner Arten und Gattungen.

FWU-VHS-Video 4202798: Vögel – Die Reise in wärmere Länder, 13 Min., f, 2002
Warum ziehen manche Vögel im Winter fort? Was erwartet sie am Ziel und unterwegs? Der Film gibt anschaulich und kindgemäß Antwort auf solche Fragen, u. a. am Beispiel von Störchen, Schwalben und Regenpfeifern.

CD-ROM 6640094: Faszinierende Welt der Vögel, 1997
Die CD führt in ein virtuelles vogelkundliches Museum. Um die verschiedenen Räume des Museums zu besichtigen, klicken Sie einfach mit der Maus links, rechts oder in die Bildmitte. An den Wänden und in den Vitrinen befinden sich überall Ausstellungsstücke, die den Betrachter mit ausführlichen Texten, Tondokumenten und Videos in die Materie einführen.

FWU-VHS-Video 4210418: Zugvögel – Pendler zwischen zwei Lebensräumen, 15 Min., f, 1998
Warum ziehen manche Vögel nur nach Südeuropa, während andere Arten bis nach Afrika fliegen. Seit Jahrhunderten erforscht, birgt der Vogelzug noch immer viele Geheimnisse. Der Film begleitet die bei uns heimischen Wattvögel auf ihrem Weg in den Süden und vermittelt durch eindrucksvolle Bilder eine Vorstellung über das stete „Wandern zwischen zwei Welten".

IV.3.2 Zeitschriften
a) didaktisch

Becker, Peter/Nottbohm, Gerd: Vogelzug – Auswertung von Ringfundmeldungen, in: UB Nr. 177, 1992, S. 43–45
Alljährlich ziehen riesige Vogelschwärme im Herbst gen Süden und kehren im Frühjahr in ihre Brutgebiete zurück. Auskunft über das Zugverhalten von Individuen und Populationen geben Ringfundmeldungen an die Vogelberingungszentralen. An exemplarischen Ringfundmeldungen (möglichst aus dem regionalen Raum) lernen die SuS die Methode kennen und rekonstruieren das jeweilige Zugverhalten.

Bossert, Brigitte/Bossert, Ulrich: Untersuchung einer Vogelfeder, in: UB Nr. 256, 2000, S. 20–22
Bei einer Konturfeder greifen Haken- und Bogenstrahlen so ineinander, dass eine elastische Federplatte entsteht, die nur bei Extrembelastung aufreißt. Ausgehend von der Frage, wie eine Vogelfeder „repariert" wird, untersuchen die SuS mit bloßem Auge, Lupe und Mikroskop den Feinbau von Vogelfedern. Die entdeckten Strukturen werden in Beziehung zu ihrer Funktion gesetzt.

Brauner, Klaus: Wo waren Schwalben und Stare im Winter? In: UB Nr. 139, 1988, S. 20–24
Schwalben ziehen jedes Jahr im Herbst nach Süden und kehren im nächsten Frühling wieder in ihre Brutgebiete zurück. Stare legen wesentlich kürzere Zugwege zurück oder sind je nach den klimatischen Bedingungen Standvögel. Die SuS lernen beide Vogelarten aus eigener Beobachtung und aus Filmaufzeichnungen kennen und erarbeiten die Zugwege und die Bedeutung des Vogelzugs. Anschließend gehen sie den Fragen nach, woher man die Zugrouten kennt und welche Mechanismen den Vögeln die Orientierung ermöglichen.

Bretschneider, Jan: Schwarmverhalten – Vorteile und Nachteile, in: UB Nr. 185, 1993, S. 18–23
Das Schwarmverhalten ist eine Überlebensstrategie, die dem Einzeltier sowohl Vorteile als auch einige Nachteile bietet. Die SuS beobachten Schwarmverhalten und beschreiben seine wichtigsten Merkmale. Aus kurzen Texten, Abbildungen und einem einfachen Versuch leiten sie mögliche Effekte des Schwarmverhaltens ab. Zwei Fabeln provozieren abschließend die Frage, ob es „Schwarmverhalten" auch beim Menschen gibt.

Danz, Gerlinde/Hedewig, Roland: Mit zwei Augen sehen wir besser als mit einem, in: UB Nr. 130, 1987, S. 14–17
Das Sehen mit zwei Augen erlaubt räumliches Sehen und damit ein besseres Abschätzen von Entfernungen und bietet außerdem den Vorteil eines größeren Gesichtfelds. Die SuS erfahren den Unterschied zwischen ein- und beidäugigem, zwischen flächigem und räumlichem Sehen durch Treffversuche mit einer Flasche und zwei Versuchsanordnungen zur Entfernungseinschätzung. Die an sich selber erfahrenen Vorteile des beidäugigen Sehens werden abschließend auf die Situation bei Tieren übertragen.

Durst, Bertold/Lefering, Sandra: Der Weißstorchzug im Internet, in: UB Nr. 267, 2001, S. 36–41
Seitdem Zugvögel nicht nur beringt, sondern auch mit Satelliten-Telemetriesendern ausgestattet werden, lässt sich der Weißstorchzug via Internet verfolgen. Über das WWW-Projekt „Naturdetektive" können die SuS täglich die aktuellen Aufenthaltsorte „ihrer" Störche anschauen und deren Flugetappen berechnen. Vergleiche mit Wetterdaten und Karten zeigen, dass die Länge der Tagesetappen von den jeweiligen meteorologischen und topografischen Gegebenheiten abhängt.

Elsner, Joachim: Spatzen begegnen, in: UB Nr. 234, 1998, S. 34–38
So populär der Spatz oder Haussperling ist, so wenig Genaues wissen die meisten Menschen über ihn. Verhaltensbeobachtungen zeigen, dass ein „Spatzen-Tag" ganzjährig ein gleichbleibendes Grundmuster aufweist. SuS können diese Regelmäßigkeiten im Spatzenalltag durch Auswertung eigener Beobachtungen feststellen und/oder Daten einer jüngeren Untersuchung auswerten.

Fahle, Wolf-Eberhard/Hermanns, Gisela/Rahvali, Gertrud: Warum kann ein Vogel fliegen? In: UB Nr. 178, 1992, S. 32–38
Die Flugfähigkeit eines Vogels beruht zum einen auf seinem geringen Körpergewicht, zum anderen auf dem zu entwickelnden Auftrieb. Die SuS erfahren anhand von Arbeitsblättern und kleinen Versuchen, wieso Vögel so leicht sind, wodurch sie einen Auftrieb erreichen und welche Rolle Thermik und Schwerkraft beim Gleitflug spielen.

Fritz, Johannes/Reiter, Angelika: Mit den Vögeln fliegen: Neue Wege für den Artenschutz, in: UB Nr. 276, 2002, S. 50–52
Vor rund 10 Jahren gelang es, mittels der von KONRAD LORENZ beschriebenen Nachfolgeprägung Zugvögel an einen motorisierten Hängegleiter zu gewöhnen. Der Versuch eröffnete neue Möglichkeiten für den angewandten

Artenschutz. Der Franzose CHRISTIAN MOULLEC und seine Frau PAOLA z. B. brachten einer handaufgezogenen Gruppe hochbedrohter Zwerggänse mit ihrem Fluggefährt eine neue, sichere Zugroute bei. Auf ähnliche Weise sollen aus Zoos ausgewilderte Waldrappen geeignete Überwinterungsplätze erlernen. Anhand der Beschreibung dieser Projekte können die Themen Prägung, soziales Lernen und „Lehren" sowie Migration behandelt werden.

Fuchs, Frank Oliver: Federstellung beim Ruderflug, in: UB Nr. 267, 2001, S. 47–49
Ein selbst gebautes Funktionsmodell veranschaulicht, warum die Schwungfedern der Vögel asymmetrisch gebaut sind: Die SuS schneiden verschieden geformte Federumrisse aus und setzen sie mithilfe von Trinkhalmen in einen Holzrahmen ein, sodass sich die „Federn" frei drehen können. Beim Auf- und Abbewegen des Modells wird sichtbar, dass sich nur Federprofile mit einer schmalen und einer breiten Hälfte „im Flug" gleichmäßig zu einer geschlossenen Tragfläche anordnen.

Gansloßer, U.: Klettern – Fliegen – Schwimmen, in: PdN-BioS Nr. 1, 2001, S. 9–12
Klettern, Fliegen und Schwimmen sind Bewegungsweisen, die sich in biomechanischer und funktionsmorphologischer Hinsicht an die Fortbewegung tetrapoder Wirbeltiere anschließen. Die Art der Fortbewegung zieht Angepasstheiten im Körperbau nach sich.

Gaßmann, H.: Hecken – ihre Bedeutung als Lebensräume für Vögel, in: PdN-BioS Nr. 6, 1996, S. 8–16
Hecken stellen wichtige Lebensräume für Vögel dar, vor allem die Nutzung als Nistort steht hierbei im Vordergrund. Der Artikel gibt einerseits praktische Hinweise für die Untersuchung von Hecken mit SuS, andererseits liefert er Arbeitsmaterial für die Betrachtung der ökologischen Funktion von Hecken unter den Schwerpunktthemen Habitatnutzung, Einnischung, Nischentrennung bzw. Nischenüberlappung, Koexistenz von Arten. Im Hinblick auf die Umsetzung der Ergebnisse im Rahmen praktischer Naturschutzmaßnahmen werden Empfehlungen für Anlage, Gestaltung und Pflege von Hecken erarbeitet.

Janßen, Willfried: Der Hausrotschwanz – zuhause in Deutschland und Afrika, in: UB Nr. 214, 1996, S. 17–20
Einst im Hochgebirge heimisch, hat der Hausrotschwanz heute sein Verbreitungsgebiet auf Dörfer und Städte ausgedehnt. Die SuS lernen den Gesang der Vogelart kennen und erarbeiten anhand von Abbildungen, welche Ansprüche ein Hausrotschwanz an seinen Lebensraum stellt. Zugkarten demonstrieren, dass der Hausrotschwanz zwei „Zuhause" hat: in Europa und in Afrika.

Lechler, K./Scharrer, K./ Jungbauer, W.: Der Vogelflug im Unterricht der SI-Stufe, in: PdN-BioS Nr. 7, 1994, S. 1–9
Anhand von einfachen Versuchen werden der Auftrieb als Grundlage des Vogelflugs sowie die Flugformen im Unterricht thematisiert.

Liebers, Klaus: Die Aerodynamik des Vogelflugs. Teil 1: Zusammenwirken der Kräfte beim Vogelflug, in: PdN-BioS Nr. 1, 2000, 6–12
Eine differenzierte Darstellung der theoretischen Grundlagen des Vogelflugs in drei Teilen.

Liebers, Klaus: Die Aerodynamik des Vogelflugs. Teil 2: Aerodynamische Visitenkarte eines Vogelflügels, in: PdN-BioS Nr. 2, 2000, S. 82–90

Liebers, Klaus: Die Aerodynamik des Vogelflugs. Teil 3: Flugtechniken von Vögeln, in: PdN-BioS Nr. 3, 2000, S. 141–147

Liebers, Klaus: Die aerodynamische Visitenkarte eines Vogelflügels, in: UB Nr. 267, 2001, S. 22–26, 31–35
Die aerodynamischen Eigenschaften von Vogelflügeln beruhen überwiegend auf folgenden Parametern: Profilwölbung, Form der Flügelspitzen, Flächenbelastung, Gleitzahl, Flügelstreckung. Nach gemeinsamer Beantwortung der Frage, welche Kräfte einen Vogel in der Luft halten und ihm das Fliegen ermöglichen, werden die genannten Flugparameter in Gruppenarbeit untersucht. Die Ergebnisse fließen ein in eine „aerodynamische Visitenkarte" von Höckerschwan und Albatros.

Noack, Winfried: Jeder Vogel hat Federn, in: UB Nr. 267, 2001, S. 12–17
Der Entwicklung von Federn verdanken die Vögel ihren Erfolg als Flugwesen. Im Unterricht sortieren die SuS Federn nach Grundformen und untersuchen den Reißverschluss-Mechanismus der Fahnen. An einem Vogelpräparat wird die Anordnung der Federn am Körper ermittelt. Höhepunkt des Projekts ist das „Anziehen" eines Vogels: Immer dann, wenn ein/e SoS eine Feder mitbringt, wird sie an die „richtige" Stelle eines Vogel-Umrisses gesteckt.

Peters, D. S.: Entwicklung des Vogelfluges, in: PdN-BioS Nr. 7, 1994, S. 10–14
Der Artikel reflektiert die funktionsmorphologischen Voraussetzungen für die evolutive Entwicklung des Fliegens.

Reichholf, J. H.: Evolution der Vogelfeder. In: PdN-BioS Nr. 5, 1998, S. 20–24
Zwei Theorien versuchen bisher die Entwicklung der Feder und damit den Ursprung der Vögel zu erklären: die „arboreale" und die „cursoriale" Theorie. Eine neue Theorie wird stoffwechselphysiologisch begründet.

Richter, Renate: Höhenflüge, in: UB Nr. 267, 2001, S. 42–46
Streifengänse überqueren auf ihrem Weg von den Überwinterungsgebieten in Indien zu den Brutgebieten in Zentralasien regelmäßig das höchste Gebirge der Welt, den Himalaya. In arbeitsteiliger Gruppenarbeit untersuchen die SuS, welche Angepasstheiten den Vögeln den Flug in der Höhe ermöglichen: einringförmiges Atmungssystem, die Fähigkeit zu nahezu unbegrenzter Hyperventilation bei unverändertem pH-Wert des Blutplasmas sowie Veränderungen am Hämoglobin, die den Übergang in die Oxyform erleichtern.

Rüppell, Georg: Vom Fliegen, in: UB Nr. 267, 2001, S. 4–11 (Basisartikel)
Die Fähigkeit zum Fliegen ist im Laufe der Evolution mehrfach entstanden. Als erste Lebewesen eroberten die Insekten den Luftraum. Viele Millionen Jahre später erhoben sich Saurier als Vorfahren der Reptilien und Vögel sowie einige Säuger in die Lüfte. Heute haben die Vögel alle nur

erdenklichen Nischen im Luftraum über Land und Wasser erobert. Insekten wie die Prachtlibellen fliegen wendig wie Hubschrauber und sogar im Rückwärtsgang. Fledermäuse jagen im nächtlichen Flug nach Insekten. Auch Frösche und Fische können fliegen. Selbst der Mensch kann fliegen – dank der Technik.

Scherner, Erwin Rudolf/Eschenhagen, Dieter: Erforschung des Vogelzugs, in: UB Nr. 139, 1988, S. 36–41
In Untersuchungen zum Vogelzug konnte man Zusammenhänge zwischen Zugaktivität und Zugstrecke nachweisen. Sehr viele Studien im Bereich der Vogelzugforschung sind jedoch den Orientierungsmechanismen gewidmet. So wurde die Frage nach angeborenen und erlernten Zugrichtungen sowie nach der Bedeutung von Himmelskörpern und dem Erdmagnetfeld bei der Orientierung überprüft. Anhand von Originaldaten aus der Forschung lernen die SuS nicht nur die Untersuchungstechniken, sondern auch die Auswertungsmethoden kennen.

Schuster, M.: Der Vogelzug – Neue Erkenntnisse zum Zugverhalten der Vögel, in: PdN-BioS Nr. 7, 1994, S. 20–25
Der Artikel beschäftigt sich mit den Methoden der Vogelzugforschung sowie mit der inneren Steuerung des Zugverhaltens am Beispiel der Mönchsgrasmücke und des Storches.

Siegesmund, Holger: Der Taubenschwarm – ein Verbund von Individualisten, in: UB Nr. 185, 1993, S. 24–25
Nach einer Untersuchung geht der Jagderfolg eines Habichts mit zunehmender Größe eines Taubenschwarms zurück. Die Wachaufgabe wird nun von vielen Tieren übernommen. Die SuS beobachten vor einem Taubenschlag, ob die Aufmerksamkeit einer Taube mit zunehmender Schwarmgröße tatsächlich abnimmt und parallel mehr Zeit zum Fressen genutzt wird.

Stichmann, Wilfried: Vögel und ihre Umwelt, in: UB Nr. 234, 1998, S: 4–12 (Basisartikel)
Die Anzahl der Vogelarten schätzt man weltweit auf 8.600 bis 9.000. Seltene Vogelarten sind publikumswirksame Werbeträger für die mit ihnen verbundenen, gefährdeten Lebensräume und -gemeinschaften. Dagegen haben die Bestände weniger anspruchsvoller euryöker Arten wie Buchfink, Kohlmeise oder Ringeltaube, denen der Mensch mit seinen Siedlungen neue Lebensräume erschließt, zugenommen. Der Landschaftswandel, der sich lang- und kurzfristig in Mitteleuropa vollzog, hatte stets auch Änderungen in der Vogelwelt zur Folge.

b) wissenschaftlich

Bairlein, Franz: Langstreckenwanderungen von Zugvögeln – eine energetische Meisterleistung, in: BIUZ Nr. 5, 1998, S. 270–280
Viele Zugvögel müssen auf ihren alljährlichen Wanderungen über Tausende von Kilometern Wüsten und Meere überwinden. Dafür benötigen sie riesige Energiereserven. Die wichtigste Energiequelle ist dabei Fett, das sie sich in Rastgebieten anfressen. Verstärkte Nahrungsaufnahme, verbesserte Verwertung und saisonale Nahrungswechsel sind hierfür die wichtigsten Mechanismen.

Viele Arten verdoppeln dabei ihre Körpermasse in nur wenigen Wochen. Identifikation und Schutz der benötigten Rastgebiete („Tankstellen"), aber auch der Überwinterungsgebiete, sind Voraussetzung für Schutzkonzepte für wandernde Arten.

Bertold, Peter: Steuerung des Vogelzuges, in: BIUZ Nr. 1, 1992, S. 33–38
Die Forschung der letzten Jahrzehnte zeigt, dass angeborene Raum-Zeit-Programme mit hoher Anpassungsfähigkeit die Grundlage für die enormen Orientierungsleistungen der Zugvögel sind.

Berthold, Peter/Querner, Ulrich: Prinzesschens Reisen nach Afrika, in: Spektrum Nr. 7, 2002, S. 52–61
Dank kleiner Sender auf dem Rücken von Störchen beobachten Ornithologen die Vögel auf ihren Afrikareisen nun kontinuierlich über Satelliten. Zu den Routen und Flugleistungen vieler Vogelarten liefert die neue Technik grundlegende Erkenntnisse, die nun auch in internationale Schutzprogramme umgesetzt werden.

Padian, Kevin/Chiappe, Luis M.: Der Ursprung der Vögel und ihres Fluges, in: Spektrum Nr. 4, 1998, S. 38–48
Der Artikel reflektiert anhand morphologischer Merkmale neuerer fossiler Funde die Evolutionsgeschichte der Vögel ausgehend von kleinen Raubsauriern sowie die Entstehung des Vogelflugs.

Prum, Richard O./Brush, Alan N.: Zuerst kam die Feder, in: Spektrum Nr. 10, 2003, S. 32–41
Der Artikel stellt die aktuelle Auffassung zur Evolution der Feder dar. Federn traten schon bei Theropoden, einer Gruppe der Dinosaurier, auf. Sie entstanden nicht aus Reptilienschuppen, sondern sind Neubildungen. Anfangs dienten Federn nicht zum Fliegen. Später besaßen einige Theropoden offenbar doch funktionsfähige Flugfedern. Vögel sind danach ein Zweig gefiederter Dinosaurier.

Sudhaus, Walter: Evolutionsbiologische Aspekte von Tierwanderungen, in: BIUZ Nr. 3, 1982, S. 65–73
Wanderverhalten evolvierte bei höheren Tieren als Strategie der Anpassung an wechselnde ökologische Bedingungen. Historisch erklärbar erscheinen viele Wanderungen als Rückkehr in ein ursprüngliches Habitat, den Lebensraum der Stammart. Nacheiszeitliche Ausbreitungswege von Zugvögeln wurden zu Wanderwegen.

IV.3.3 Bücher
(kapitelübergreifende Literatur in kursiver Schreibweise)

Bairlein, Franz: Ökologie der Vögel, Gustav Fischer, Stuttgart 1996
Materialreiche Quelle zu den Themen Temperaturregulation, Ernährung, Habitatwahl, Vogelzug, Fortpflanzung, Populationsökologie.

Bergmann, Hans-Heiner: Die Biologie des Vogels, Aula, Wiesbaden 1987
Eine materialreiche Einführung in Bau, Funktion und Lebensweise anhand von ausgewählten Beispielen.

Berthold, Peter: Vogelzug, WBG, Darmstadt 2008
Das Standardwerk zum Thema.

Bezzel, Einhard/Prinzinger, Roland: Ornithologie, Ulmer, Stuttgart 1990
Das Standardwerk zum Thema „Vögel".

Hildebrand, Milton/Goslow, Georg E.: *Vergleichende und funktionelle Anatomie der Wirbeltiere,* Springer, Berlin 2004

Kämpfe, Lothar/Kittel, Rolf/ Klapperstück, Johannes: *Leitfaden der Anatomie der Wirbeltiere,* Gustav Fischer, Jena 1993

Nachtigall, Werner: Warum die Vögel fliegen, Rasch und Röhring, Hamburg 1991

Rogers, Elizabeth: *Wirbeltiere im Überblick,* Quelle & Meyer, Heidelberg 1989

Rüppel, Georg: Vogelflug, Rowohlt, Hamburg 1980 (rororo-Sachbuch)

Scheiba, Bernd: *Schwimmen – Laufen – Fliegen. Die Bewegung der Tiere,* Urania-Verlag, Leipzig 1990/Harri Deutsch, Frankfurt 2001

Schmidt-Koenig, Klaus: Das Rätsel des Vogelzugs, Hoffmann und Campe, Hamburg 1980
Dieses Buch enthält viel Material über die Erforschung des Vogelzugs und die frühen Versuche zur Orientierung insbesondere bei Tauben.

Spillner, Wolf/Zimdahl, Winfried: Feldornithologie, Deutscher Landwirtschaftverlag, Berlin 1994
Dieses Buch will einen Überblick über das Grundwissen geben, dass zum Aufspüren und Beobachten der Vögel in der Natur nötig ist. Themen sind der Körperbau, Fortpflanzung, Ernährung, Vogelzug, Lebensräume und die Praxis der Feldbeobachtung.

V. Unterrichtseinheit: Säugetiere

Lernvoraussetzungen:
Grundkenntnisse zu den inneren Organen und dem Skelett des Menschen

Gliederung:

1. Merkmale der Säugetiere
  ↓
2. Wolf und Wildkatze – Vorfahren unserer liebsten Haustiere
  ↓
3. Fortbewegungsarten
  ↓
4. Nahrungsspezialisten
  ↓
5. Angepasstheiten (Beispiele)

Zeitplanung:
Wenn auch die eingeplanten Diskussionen ertragreich geführt werden sollen, sind ca. 11 bis 16 Unterrichtsstunden für die gesamte UE anzusetzen.

V.1 Sachinformationen

Allgemein: Säugetiere

Merkmale: Das zentrale Merkmal, welches die Säugetiere von allen anderen Klassen der rezenten Wirbeltiere abgrenzt, ist der Besitz von Haaren. Angesichts von Formen wie den eierlegenden Schnabeltieren, die ebenfalls zu den Säugetieren zählen, wäre die Bezeichnung „Haartiere" sogar die zutreffendere.

Die Ausbildung von Haaren steht in enger Beziehung zur Evolution der Endothermie (Homöothermie) der Säugetiere, ebenso wie die vollständige Unterteilung des Herzens in zwei Kammern und des Kreislaufsystems in Lungen- und Körperkreislauf. Auch die kernlosen roten Blutkörperchen (Erythrozyten) der Säuger sowie die Entwicklung des Zwerchfells (Diaphragma) zu einer muskulären Platte zwischen Brust- und Bauchraum – und damit zum wichtigsten Atemmuskel – gehören in diesen Kontext.

Kennzeichnend ist bei der Umgestaltung des Kreislaufsystems, dass im Vergleich zu den Vögeln bei Säugern nicht der rechte, sondern der linke vom Herzen ausgehende Aortenbogen erhalten bleibt.

Zu den Säugermerkmalen gehört ebenfalls eine starke Entwicklung des Endhirns, das ursprünglich das Riechhirn ist. Damit korreliert eine Vergrößerung des Riechepithels; die Ursache für den ausgeprägten Geruchssinn der Säugetiere. Säugetiere sind ursprünglich also „Nasentiere", wie auch die Ausbildung von Duftdrüsen zur innerartlichen Kommunikation bestätigt. In diesem Zusammenhang ließe sich auch die Ausbildung einer mimischen Hautmuskulatur im Kopfbereich einordnen. Während die Schweißdrüsen oder die Talgdrüsen in einem direkten Zusammenhang mit der Thermoregulation bzw. der Behaarung stehen, weisen die Milchdrüsen (Mamma) einen direkten Bezug zur Viviparie der Säuger auf. Außer bei den primitiven, eierlegenden Formen (Monotremata, Kloakentiere) sind alle Säuger lebendgebärend und betreiben eine mehr oder weniger lange Zeit Brutpflege.

Unabhängig von den bisher angesprochenen Evolutionstrends entsteht bei den Säugetieren ein sekundäres Kiefergelenk aus Dentale (Unterkiefer) und Squamosum, weil die Knochen des primären Kiefergelenks der Reptilien (Articulare und Quadratum) im Mittelohr zu den Gehörknöchelchen Hammer (Malleus) und Amboss (Incus) umgewandelt werden. Diese kommen zum Steigbügel (Stapes) hinzu, sodass Säuger drei Gehörknöchelchen besitzen.

Evolutionsgeschichte/Systematik:
Als Stammformen der Säugetiere sieht man heute die Therapsiden an; eine Gruppe der Reptilien, die vom Perm bis Mitte des Jura existierten. Die eigentlichen Ursprungsformen sind die Cynodontier der Trias-Zeit; dies ist durch Fossilien wie Cynognathus oder Diarthrognathus als Zwischenformen belegt. Das erdgeschichtliche Auftreten der Säugetiere wird auf die Obere Trias datiert. Damit entwickelten sich die Säugetiere historisch vor den Vögeln und den modernen Knochenfischen (Teleosteer). Während die Saurier die Erde beherrschen, bleiben sie allerdings über 100 Mio. Jahre eine unbedeutende Nebengruppe. Erst in der Kreidezeit (vor ca. 144 bis 65 Mio. Jahren) entfalten sich die Säuger stärker. Schon früh entsteht eine Zweiteilung der Säugetiere, die sich in der systematischen Gliederung in Protheria, rezent u. a. mit den Kloakentieren (Monotrema) vertreten, und in Theria ausdrückt. Die Theria untergliedert man weiter in die Metatheria, deren Hauptgruppe rezent die Beuteltiere (Marsupialia) sind, und in Eutheria (Placentalia), also alle höher entwickelten Säugergruppen.

Die molekulargenetische Rekonstruktion der Evolution von Stammeslinien/Claden innerhalb der Säugetiergruppe (Plazentatiere) zeigt eine bemerkenswerte Korrelation mit geodynamischen Ereignissen der Kreidezeit. Diese lässt vermuten, dass die geografische Isolation auf den Teilkontinenten des zerfallenden Gondwana-Land die Divergenzen innerhalb der frühen Säuger begründet hat. So fällt die Trennung des südamerikanischen Subkontinents von Afrika vor ca. 100 Mio. Jahren eng mit der Abspaltung der heutigen südamerikanischen Nebengelenktiere (Zahnarme, Xenarthra) zusammen, (rezent vertreten durch Gürteltiere oder Ameisenbären) von den afrikanischen Afrotheria. Zwei weitere Großgruppen/ Claden der plazentalen Säugetiere, so legen die molekulargenetischen Ergebnisse nahe, korrelieren mit dem Auseinanderdriften des eurasischen Kontinents und Nordamerikas (vgl. Abb. 2).

Nach der frühen Aufspaltung in der Kreide entsteht die Vielfalt der Säugetiere aber erst im Tertiär, das auch als „Zeitalter der Säugetiere" bezeichnet wird. Auf der nördlichen Erdhemisphäre erscheint im Eozän eine Vielzahl von

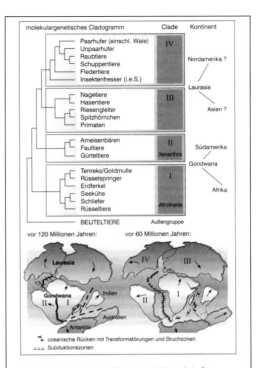

Quelle: Kattmann, Ulrich, S. 4–13 (2004)

Abb. 2: Erdgeschichte ist Lebensgeschichte

anatomisch modernen Gruppen von Säugetieren – während archaische Formen in gleichem Maße aussterben. Zu diesen modernen Gruppen zählen u. a. Vertreter der Unpaarhufer (Pferde, Nashörner, Tapire), Primaten und Nager. Ursprung der modernen Formen ist nach neueren Forschungen Asien, wo sie an der Wende vom Paläozän zum Eozän (P/E-Grenze, vor rd. 55 Mio. Jahren) nachgewiesen werden konnten. Nach Amerika und Europa wanderten sie anschließend ein. Diese Veränderungen sind Teil einer radikalen Umwandlung der Biosphäre der Erde, deren treibende Kraft eine globale Erwärmung an der P/E-Grenze war.

Die Entwicklung der Beuteltiere lief unabhängig davon im Wesentlichen auf dem bereits früher von der einheitlichen Gondwana-Landmasse getrennten australischen Kontinent ab. Nachdem sich im Tertiär eine reiche Beuteltier-Fauna in Südamerika entwickelt und auch bis nach Nordamerika ausgebreitet hatte, starben sie dort anschließend aus und sind rezent in geringer Vielfalt noch in Südamerika, insbesondere aber als dominante Faunenelemente in der australischen Region erhalten. Hier findet man auch die rezenten Vertreter der ursprünglichen Kloakentiere, den Schnabeligel und den Ameisenigel.

Angepasstheit an Trockenheit und Hitze

Die Angepasstheit des Dromedars an Trockenheit und Hitze zeigt sich in erster Linie in einem sparsamen Umgang mit Wasser. Eine verringerte Wasserabgabe wird durch eine starke Konzentration des Urins erreicht, die Wasserrückgewinnung in der Niere ist außergewöhnlich hoch. Auch der Wassergehalt des Kots ist äußerst gering. Dromedare setzen kleine feste und trockene Kotballen ab, denen spezialisierte Zellen des Enddarms das Wasser entzogen haben. Ebenfalls wird der ausgeatmeten Luft

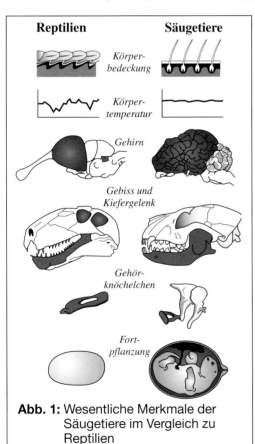

Abb. 1: Wesentliche Merkmale der Säugetiere im Vergleich zu Reptilien

V. UE: Säugetiere

an den Schleimhäuten der Nase das Wasser entzogen, wodurch auch Nase und Gehirn gekühlt werden. Auch die Wasserabgabe über die Körperoberfläche zur Temperaturregulation wird bei großer Wasserknappheit gering gehalten. So hebt ein Dromedar, dessen Körpertemperatur bei ausreichender Wasserversorgung zwischen 34 und 37 °C schwankt, seine Körpertemperatur bei Wassermangel auf bis zu 42 °C im Tagesverlauf an. Dies verringert die Schweißabsonderung um 5 bis 6 Liter pro Tag, da die Aufheizung des Körpers und damit die nötige Kühlung von der Differenz zwischen Körper- und Außentemperatur abhängig ist. Dromedare sind also in der Lage, größere Körpertemperaturschwankungen zu ertragen, wenn sie beispielsweise nächtlich auskühlen und tagsüber wieder aufheizen.

Ohne Schaden zu nehmen können Dromedare deutlich mehr Wasser abgeben als der Mensch: rd. 30 % ihres Gewichts; durchschnittlich 135 kg. Ursache hierfür ist, dass sie dem Blut weniger Wasser entnehmen als der Mensch (10 %). Dadurch halten es weiterhin dünnflüssig, sodass es weiterhin Wärme und lebenswichtige Stoffe transportieren kann. Bei hohem Wasserverlust wird beim Menschen das Blut verdickt, es fließt langsamer und führt weniger Wärme ab. Dies kann zum Hitzetod führen.

Neben verringerter Wasserabgabe und erhöhter Toleranz gegenüber Wasserverlust sind Kamele auch in der Lage, selbst Wasser zu erzeugen. Dies geschieht durch Fettverbrennung im Kamelhöcker. Das Speicherfett wird über Citratzyklus und Atmungskette im Mitochondrium abgebaut, wobei neben Energie (ATP) letztlich Wasser entsteht. Bei der Veratmung von Fetten entsteht ungefähr gleichviel Wasser, aus 100 g Stearinsäureglycerinester ($C_{57}H_{110}O_6$) z. B. 111,2 g Wasser. So kann ein Dromedar aus dem gespeicherten Höckerfett bis zu 40 l Wasser gewinnen.

Echo-Ortung (Echolot)

Die Orientierung durch Echo-Ortung stellt eine Anpassung an lichtlose Lebensräume dar. Fledermäuse sind nachtaktiv und setzen zum Insektenfang bzw. in den dunklen Höhlen, die sie tagsüber aufsuchen, die Echo-Ortung ein. Diese Methode beruht auf dem Prinzip, dass selbst ausgesendete Laute von Objekten der Umwelt zeitverzögert reflektiert werden (Echo). Aussendende Organe sind dabei Mund bzw. Nase, die Aufnahme erfolgt mit den Ohren. Die Lauterzeugung geschieht an einer Membran im Kehlkopf, die von der Atemluft in Schwingung versetzt wird. Laute, die über große Frequenzbereiche reichen, dienen der weiträumigen Orientierung (Frequenzmodulation (FM) 100 bis 20 kHz). Je geringer die Frequenz ist, um so stärker ist die Schallaussendung gerichtet. Dieser „Taschenlampeneffekt" ist beispielsweise beim Beutefang günstig. Fledermäuse können mit ihrem Echolot Entfernungen berechnen, Richtungen erkennen und Bewegungen registrieren, wobei sie auch zwischen Annähern und Entfernen unterscheiden können. Auch können sie zwei- und dreidimensionale Formen unterscheiden sowie Oberflächenstrukturen und -materialien identifizieren.

Fledermausflug

Fledermäuse können im Hinblick auf den Flug als „Handflügler" bezeichnet werden: Ein Großteil der Flughaut ist zwischen den stark verlängerten Finger- und Mittelhandknochen die als Verstrebungen dienen, gespannt. Weiter erstreckt sich die Flughaut an den Körperseiten entlang bis zu den Beinen und schließt auch den Schwanz mit ein. An der Hand bleibt der krallenbesetzte Daumen frei, er dient als Kletterhaken. Auch die Zehen der Füße tragen Krallen. Mit ihnen hängen sich die Fledermäuse kopfüber an geeigneten Stellen zum Ruhen und zum Winterschlaf auf. Sie dienen aber auch dem Beutefang am Boden oder auf der Wasseroberfläche. Am Boden laufen die Fledermäuse auf ihren Handgelenken.

Die typische Flugweise der Fledermäuse ist der Ruderflug. Als Fluganpassung besitzen sie kräftige Flugmuskeln, die an einem verstärkten Brustbein ansetzen. Auch das geringe Gewicht der Fledermäuse erleichtert das Fliegen. Im Ruderflug erzeugt ein kräftiger Abschlag von hinten oben nach vorn unten den Vor- und Auftrieb. Beim folgenden Aufschlag wird der Flügel mit zusammengefalteter Flughaut in Körpernähe wieder nach oben geführt. So wird der Widerstand minimiert. Fledermäuse können in der Luft Haken schlagen und schnelle Wendungen vollziehen. Diese extreme Manövrierfähigkeit kennzeichnet den Fledermausflug. Beim Beutefang nehmen manche Fledermausarten die Flügel als Fangvorrichtung, in die sie Fluginsekten vor dem Zubeißen einschließen. Als Blütenbesucher sind Fledermäuse auch zum Rüttelflug fähig, wodurch sie in der Luft stehen können.

Während der Start aus hängender Position bei den Fledermäusen kein Problem darstellt, ist die Landung schwieriger. Dabei muss eine Fledermaus in der Luft eine halbe Rolle rückwärts vollziehen, um mit den Krallen der hochschwingenden Füße Halt zu finden. Die Schwanzflughaut dient bei diesem Manöver als Bremse.

An der Form der Flügel kann man die ökologische Großnische einer Fledermausart erkennen. Schnelle Flieger, die sich von Fluginsekten im freien Luftraum ernähren, besitzen schmalere, spitz zulaufende Flügel, die eine hohe Flächenbelastung aushalten. Hierzu gehört beispielsweise der Abendsegler. Andere Arten wie das Große Mausohr oder die Hufeisennasen fliegen langsam und müssen bodennah zwischen Büschen und Hecken manövrieren. Ihre Beute sind langsame Fluginsekten, sie sammeln aber auch Laufkäfer und andere Insekten vom Boden auf. Ihre Flügel sind als Anpassung an diese Lebensweise breitflächiger und abgerundet.

Fleischfresser (Carnivore)

Raubtiere (Carnivore) besitzen kleine Schneidezähne (Incisivi) und stark ausgeprägte Eckzähne (Canini), ihr Erkennungszeichen. Die Eckzähne dienen zum Festhalten und Töten von Beute, teilweise auch zusammen mit den Schneidezähnen zum Herausreißen und Abbeißen von Fleisch. Größere Brocken werden aber mithilfe der Reißzähne herausgerissen und mit Prämolaren und Molaren zerkaut. Die Reißzähne, der vierte obere Prämolar und der untere erste Molar (P4/M1), besitzen zwei senkrechte Oberflächen, die wie Klingen einer Schere aneinander vorbeigleiten (Brechscherenapparat). An der Stelle der Reißzähne besitzt der Kiefer seine größte Kraft.

Der Magen-Darm-Trakt ist bei Fleischfressern grundsätzlich kürzer als bei Pflanzenfressern. Bei der hochwertigen fleischlichen Nahrung (proteinreiches Fleisch) reicht ein kurzer Darm für die Resorption der Nährstoffe aus. Symbionten, wie sie zur Verwertung pflanzlicher Nahrung nötig sind, werden nicht gebraucht, eine Gärkammer ist deshalb nicht nötig.

Fortbewegungsarten

Die Geschwindigkeit der Fortbewegung ist neben der Gangart wesentlich von der Schrittfrequenz und der Schrittlänge abhängig. Kleine Tiere mit kurzen Beinen haben eine geringe Schrittlänge und beschleunigen, indem sie die Schrittfolge erhöhen. Große Tiere mit langen Beinen machen große, raumgreifende Schritte und kommen dadurch schon recht schnell voran. Auch die Größe der Fläche, mit der der Fuß den Boden berührt, beeinflusst die Geschwindigkeit der Fortbewegung. Dementsprechend sieht man Tiere, die mit dem ganzen Fuß auftreten, also mit der ganzen Fußsohle den Boden berühren, als ursprünglich an. Die reduzierten Extremitäten der Zehen- bzw. Zehenspitzengänger gelten als abgeleitet. Dabei stellt die anatomisch-funktionale Reihe (in Material V./M 7) keineswegs eine phylogenetische Abstammungsreihe dar. Eine solche ließe sich evtl. mit Beispielen aus der Pferdeevolution erstellen.

Sohlengänger wie Bär, Dachs, Igel, Marder und eigentlich auch der Mensch setzen ihren Fuß ganz auf den Boden auf und rollen während des Gehens ab. Sie bewegen sich meist bei mäßiger Geschwindigkeit im Schritt. Allerdings können einige auch beschleunigen, indem sie Schrittfrequenz und -länge erhöhen, manche fallen sogar in Trab und Galopp. Die Tatzen sind dabei durch ihre 5-Strahligkeit ursprünglich.

Bei Zehengängern wie dem Hund oder der Katze berühren nur die Zehen den Boden. Außerdem ist die Anzahl der Strahlen von fünf auf vier reduziert. Abrollzeit und Reibung verringern sich, wenn nicht die ganze Fußsohle, sondern nur die Pfote aufsetzt. Zusätzlich sind die Mittelfußknochen deutlich verlängert. Zehengänger sind oft größere Tiere, die als Pflanzenfresser ein hohes Gewicht besitzen, und während langer Fresszeiten stehen. Sie sind meist die Beute der Katzen- und Hundeartigen und versuchen sich durch die schnelle Flucht zu schützen. Diese Gruppe bilden die Paarhufer und Unpaarhufer (Antilopen, Gazellen, Hirsche, Rinder, Kamele, Gnus, Tapire, Rhinozerosse, Pferdeartige). Diese Hufträger stehen auf der Spitze von zwei (Paarhufer) oder einem bzw. drei Zehen (Unpaarhufer). Die Spezialisierung bringt allerdings eine Einschränkung auf das Stehen, Gehen, Laufen mit sich, während die Zehengänger, insbesondere die Katzen, sehr gut klettern können.

Als höchste Form der Spezialisierung sieht man die Einhufer (Pferdeartige) an. Sie stehen auf der Spitze der dritten Zehe und zeigen eine starke Verlängerung und Verdickung des Mittelfußknochens, während die Seitenstrahlen nur noch als Rudimente vorhanden sind. Die Änderung der Gelenkstellung und das Hinzutreten eines neuen Gelenks zwischen Mittelfuß und Zehen geben der Extremität zusätzliche Beschleunigung. Zehenspitzengänger erreichen durch ihre Spezialisierung Höchstgeschwindigkeiten, wodurch sie ihren Feinden oft entkommen.

Die Entwicklung vom Sohlen- zum Zehen(spitzen)gänger wird von einer geringen Verlängerung des Unterschenkels und einer stärkeren Verlängerung des Mittelfußknochens begleitet. Dies ist mit einer Reduktion der Strahlen verbunden und gilt auch für die Vorderextremitäten. Auch bei den Paarhufern findet man im Mittelfuß-/Mittelhand-Bereich eine weitgehende Reduktion auf den mittleren Strahl.

Gangarten

Bei Säugetieren findet man als Hauptgangarten den Schritt, den Trab und den Galopp. Daneben treten eine Reihe von Zwischen- bzw. Sonderformen wie der Passgang oder der Prellsprung (Prellbock, Känguruh) auf. Im Schritt bewegt sich ein Tier langsam. Drei Beine sind immer am Boden, wodurch der Schritt die sicherste Gangart ist. Die Koordination der Beine erfolgt über Kreuz, d. h. nachdem das rechte Vorderbein angehoben und nach vorne geführt wurde, folgt das linke Hinterbein, dem links vorne das rechts hinten usw. Beschleunigt ein Tier, so fällt es in den Trab. Die Schritthäufigkeit ist erhöht und die Beine sind diagonal gleichzeitig abgehoben, wodurch diese Gangart etwas weniger stabil ist. Der Galopp ist die schnellste Gangart, erfordert aber auch den höchsten Krafteinsatz, denn im Galopp springt ein Tier von der Hinterhand auf die Vorderhand. Es befindet sich also ohne Bodenkontakt einen Moment frei in der Luft. Bei der Landung wird der Körper von den nacheinander aufsetzenden Vorderbeinen abgefangen. Dies ist aber nicht mit der ähnlichen Abfolge beim Kreuzgang zu verwechseln. Im Galopp gibt es keine phasenweise Abwechslung rechts vorne, links vorne. Eine der Vorderextremitäten wird regelmäßig als erste aufgesetzt. Die Hinterbeine werden in der Luft nach vorne geführt und setzen meist vor den Vorderbeinen wieder auf dem Boden auf. Es handelt sich um eine völlig andere Gangart als Schritt oder Trab und wird auch nervös anders gesteuert. Der Körper wird durch eine starke Muskelkontraktion, an der auch die Rumpf- und Rückenmuskeln beteiligt sind, nach vorne katapultiert. Der Übergang von Trab zu Galopp ist arttypisch und erfolgt je nach Größe des Tieres bei einer bestimmten Schrittfrequenz und damit Geschwindigkeit. Ein Pferd fällt beispielsweise bei ca. 20 km/h in den Galopp.

Haare

Haare sind wie Hautdrüsen und Nägel Hautanhangsgebilde. Haare entstehen aus epidermalen Einstülpungen der Haut und sind evolutionsgeschichtlich eine Neuentwicklung der Säugetiere und nicht mit Schuppen oder Federn homolog. Haare dienen im Wesentlichen dem Kälteschutz und der Sinneswahrnehmung (Tastempfindung). Das tierische Haarkleid wird als Fell bezeichnet. Weitere Funktionen des Fells sind Tarnung oder Warnung.
Bau: Ein Haar gliedert sich in den Haarschaft, der aus der Haut herausragt, und die Haarwurzel in der Haut. Deren in der Lederhaut (Dermis) liegender Teil besteht aus dem Haarfollikel, in dem das Haar entsteht. Der untere, verdickte Teil des Follikels wird als Haarzwiebel bezeichnet. Hier umschließen die Schichten des Haarfollikels (die innere, epidermale Wurzelscheide und der außen liegende, dermale Haarbalg) die bindegewebige Haarpapille, die von Blutgefäßen versorgt wird. An der Spitze der Papille liegt im Inneren des Follikels die eigentliche Haarbildungszone (Matrix). Sie ist Teil der Wurzelscheide und stammt aus der epidermalen Keimschicht. Während der Wanderung der Haarzellen zur Hautoberfläche verhornen die Zellen zunehmend, sodass der Haarschaft vollständig verhornt ist. Am Haarbalg enden Nervenfasern frei oder mit verschiedenen Mechanorezeptoren. Auch ein Haarmuskel setzt an jedem Haarbalg an.
Arten: Obwohl alle Haare als Sinnesorgane dienen können, gibt es Haare, die besonders für diesen Zweck gebaut sind. Der Haarbalg von Tasthaaren besitzt Hohlräume (Sinus), die das Haar ringförmig umgeben und mit Blut gefüllt sind. Diese Blutsinusse wirken wie Schwellkörper und umschließen das Haar fest, sodass schon die leichteste Auslenkung die bei Tasthaaren besonders häufigen Mechanorezeptoren aktiviert. Diese besonders sensiblen Sinneshaare findet man meist im Gesicht, besonders auf der Oberlippe.
Die normalen Haare werden nach Form und Länge unterschieden. Wollhaare sind kurz und gekräuselt. Sie bilden die flaumige Unterwolle, die mit ihrem Luftpolster zur Wärmeisolierung dient. Grannen- und besonders Leithaare sind deutlich länger, aber auch dicker und fester. Sie werden als Deck- oder Oberhaare bezeichnet, weil sie über die Wollhaare hinausragen und diese vor Abrieb schützen. Borsten und Stachel sind verstärkte und umgebildete Deckhaare, die meist der Verteidigung dienen (Igel, Stachelschwein).

Haarmuskel

Der am Haarbalg ansetzende Haarmuskel dient der Aufrichtung des Haars. Der Muskel übt eine Hebelwirkung aus, für die die starre Hornschicht der Epidermis das Widerlager bietet. Durch die Aufrichtung der Haare wird die ruhende Luftschicht über der Haut vergrößert. Dies dient der Wärmeisolation im Zusammenhang der Temperaturregulation. Im Sozialverhalten kann die Vergrößerung des Körperumrisses als Drohung gegen einen Konkurrenten eingesetzt werden.

Haut (Cutis)

Die Haut überzieht die äußere Körperoberfläche und zeigt in verschiedenen Körperbereichen je nach Beanspruchung unterschiedliche Differenzierung. Ihre Aufgabe ist im Wesentlichen der Schutz des Körpers vor den verschiedensten Gefahren.
Bau: Die Haut (Cutis) der Säugetiere besteht aus zwei Schichten: Der Oberhaut (Epidermis) und der Lederhaut (Dermis oder Corium). Hieran schließt sich zum Körperinneren hin die Unterhaut (auch: Unterhautfettgewebe, Subcutis) an.
In der *Epidermis* können drei Schichten unterschieden werden. Zuunterst liegt die Keimschicht (Stratum germinativum), die mit ihrer Melanozyten enthaltenden Basalschicht (Stratum basale) die Grenze zur Lederhaut bildet. Hier finden laufend mitotische Zellteilungen statt, wodurch der Zellverlust an der Hautoberfläche ausgeglichen wird.
Die neu gebildeten Zellen wandern durch die mehrlagige Keimschicht zur Hautoberfläche. Nach einiger Zeit beginnen sie zu verhornen und erzeugen nun die Hornbildungsschicht (Stratum granulosum).
Vollständig verhornte, abgeflachte und abgestorbene Zellen bilden schließlich das mehrschichtige Plattenepithel der Hornschicht (Stratum corneum), an deren Oberfläche laufend Zellen als Hornschuppen abschilfern. Die Dicke dieser Hornschicht ist abhängig von der Beanspruchung, so bilden sich Schwielen an stark belasteten Stellen von Händen und Füßen. In der Epidermis findet man keine Blutgefäße, sie wird aber durch freie Nervenenden und Mechanorezeptoren verschiedener Art versorgt.
Die *Lederhaut* hat zwei nicht deutlich abgegrenzte Schichten: Sie besteht zum einen aus der unteren Netzschicht (Stratum reticulare), der eigentlichen Lederhaut mit zahlreichen elastischen und kollagenen Bindegewebsfasern, die ein Geflecht bilden und der gesamten Haut Stabilität und Elastizität verleihen; zum anderen aus der oberen, an die Epidermis grenzenden Papillarschicht (Stratum papillare), die ihren Namen von den zur Verzahnung in die Epidermis ragenden Zäpfchen (Papillen) hat. Die Lederhaut ist reich mit Blutgefäßen ausgestattet, wobei die Kapillaren in der Papillarschicht und die größeren Gefäße an der Grenze zur Subcutis verlaufen. Man findet ebenfalls Lymphgefäße und Abwehrzellen des Immunsystems in der Lederhaut. Häufig sind auch Mechanorezeptoren des Tastsinns und freie Nervenenden, meist in Verbindung mit Haaren, sowie Temperatur- und Schmerzsensoren vorhanden.
Aufgaben: Die Haut schützt den Körper zunächst mechanisch, wobei die Lederhaut bei Außeneinwirkungen relativ reißfest ist und die äußere Hornschicht bei Kontakt (Reibung o. Ä.) Zellen abgibt. Auch bei Verätzungen sind die abgestorbenen Hornzellen eine erste Barriere. Der Wasserverlust wird durch die Hornbildung begrenzt, die gleichzeitig gegen Mikroorganismen wirkt, weil diese auf einer trockenen Oberfläche schlechte Lebensbedingungen vorfinden. In der Epidermis findet man außerdem Immunzellen (LANGERHANS'sche-Zellen), die fremde Antigene binden und den T-Lymphozyten zum Start einer Immunreaktion präsentieren können. Die in der Basalschicht der Epidermis eingelagerten Pigmentzellen (Melanozyten) schützen die teilungsaktiven Zellen gegen Strahlung, denn das in den Melanozyten eingelagerte Melanin absorbiert UV-Licht. Bei starker Sonneneinstrahlung zeigt sich die Zunahme an Melanin in der Haut als Bräune, die uns vor Sonnenbrand schützt. Als Schutz im weiteren Sinne kann auch die Sinnesfunktion der Haut angesehen werden: Temperatur- und Tastsinn bewahren den Körper vor Gefahren oder dienen der Orientierung. Bei der Temperaturregulation sowie beim Wasserhaushalt spielt die Haut durch die selektive Öffnung der peripheren Gefäße oder die eingelagerten Schweißdrüsen ebenfalls eine wichtige Rolle.

Hautdrüsen

Die Haut der Säugetiere enthält eine Vielzahl von schlauch- oder traubenförmigen Hautdrüsen verschiedener Art. Man unterscheidet vier Typen: Milchdrüsen, Duftdrüsen, Schweißdrüsen und Talgdrüsen. Diese Drüsenarten sind vielfältigen Funktionskreisen wie Ernährung, Thermoregulation, Kommunikation oder Exkretion zugeordnet. Sie sind dementsprechend nicht gleichmäßig über den gesamten Körper verteilt, sondern konzentrieren sich an Stellen wie Kopf, After, Genitalien oder Füßen.
Milchdrüsen: Milchdrüsen sind namensgebend für die gesamte Klasse der Säugetiere. Die Milch der Milchdrüsen ist die erste Nahrung für die lebend geborenen Jungen der Säuger. Sie ist vollwertig, d. h. sie enthält alle für das Jungtier nötigen Nährstoffe, Vitamine, Mineralien und Spurenelemente. Allerdings ist die Milchzusammensetzung als Anpassung an verschiedene Bedürfnisse im Artenvergleich recht unterschiedlich. Mit der Milch werden den Jungen zusätzlich Antikörper übertragen, wodurch sie eine passive Immunität erwerben. Die Milch dient ebenfalls als Grundlage für den Aufbau einer symbiontischen Darmflora.
Milch wird von einer Drüsenzelle gleichzeitig auf zwei Wegen sezerniert. Fetttröpfchen verlassen das Cytoplasma der Zelle eingeschlossen in Membranbläschen (apokrin). Hierdurch schrumpft die Drüsenzelle fortlaufend. Proteine und Milchzucker (Laktose) werden über den Golgi-Apparat ausgeschleust und ohne Membranumhüllung freigesetzt (ekkrin).
Mehrere Milchdrüsen münden gemeinsam in Zitzen aus. Diese entwickeln sich in zwei Milch-

leisten, die zu beiden Seiten des Körperrumpfs liegen. Hier entwickeln sich Zitzen in unterschiedlicher Zahl. Sie können auch im Brustbereich wie bei Primaten oder im Genitalbereich wie bei Unpaar- und Paarhufern konzentriert sein. Zitzen sind spezielle Drüsenorgane, in denen Myoepithelzellen/Epithelmuskelzellen unter der Einwirkung des Hormons Oxytocin (auch Ocytocin) kontrahieren und die Milch in den Mund eines Jungtiers einspritzen. So wird zumindest bei Mensch und Rind die Milch aus den Zitzen nicht gesaugt, sondern ausgepresst.

Duftdrüsen: Die häufigsten Drüsen am Säugetierkörper sind Duftdrüsen. Sie werden von Sexualhormonen gesteuert und dienen der chemischen Kommunikation beim Revier- oder Paarungsverhalten.

Schweißdrüsen: Schweißdrüsen können auch als Duftdrüsen betrachtet werden. Sie dienen Katzen zur Markierung und finden sich auf Hals und Schultern, im Gesicht, aber auch auf dem Hinterkörper und zwischen den Zehen. Die Schweißdrüsen halten außerdem die Haut geschmeidig, dienen der Ausscheidung von Abfallstoffen und kontrollieren die Mikrofauna und damit die Gesundheit der Haut („Säureschutzmantel" der menschlichen Haut). Schweißdrüsen zeigen auch beim Menschen ein typisches Verteilungsmuster mit Konzentrationen in Stirn- und Nackenbereich des Kopfes, den Achselhöhlen, der Scham- und Analgegend, aber auch an Händen und Füßen. Die Zersetzung des abgegebenen Sekrets durch Bakterien erzeugt einen meist als unangenehm wahrgenommenen Geruch. Die abgegebene Flüssigkeit führt außerdem zu Verdunstungskälte und damit zur Abkühlung in warmer Umgebung, weshalb Schweißdrüsen eine wichtige Rolle bei der Thermoregulation des Menschen spielen. Tiere ohne Schweißdrüsen wie Hund und Katze ersetzen diese Funktion durch das Hecheln.

Talgdrüsen: Hauptsächlich an Haarbälgen findet man Talgdrüsen, deren fettiges Sekret (Hauttalg) dem Haar und der Hornschicht der Haut Geschmeidigkeit geben.

Hundeartige

Die Familie der Hundeartigen (Canidae) umfasst neben der dominanten Gattung Canis (Wolf, Schakale) auch die Füchse und weniger bekannte Arten (Mähnenwolf, Hyänenhund). Ihr Ursprung liegt stammesgeschichtlich in Nord-Amerika, ihre Verbreitung ist heute weltweit. Lebensraum der Hundeartigen ist das offene Grasland, sie sind angepasst an die schnelle Verfolgung von großer Beute („Hetzjäger") im Rudel. Dadurch sind sie in der Lage, große Beutetiere zu erbeuten und so die Gruppe zu versorgen. Ein Einzeltier hätte nur geringe Überlebenschancen. Zum Rudelverhalten gehört das angeborene Bestreben, sich in eine Gruppe einzufügen und der herrschenden Hierarchie zu unterwerfen. Dafür werden auch Nachteile in Kauf genommen, beispielsweise wenn sich bei den Wölfen nur die α-Tiere fortpflanzen oder der Zugang zum Fressen von der Stellung in der Gruppe abhängt. Die Struktur des Rudels wird in der sozialen Kommunikation durch Körpersprache und Mimik, aber auch durch ritualisierte Kämpfe aufrechterhalten. Auch Konflikte können so ohne Verletzungen ausgetragen werden, sodass kein Tier bei der Jagd ausfällt. Dieses Verhalten setzt eine hohe Lernfähigkeit voraus.

Die Domestikation des Hundes fand vor 12.000 bis 15.000 Jahren statt. Als Stammform gilt der Wolf, genauer eine Unterart des grauen Wolfs, die heute noch in Indien und im Mittleren Osten vorkommt. Seine Eigenschaften machen den Hund zu einem nützlichen Gefährten des Menschen, für den er die vielfältigsten Aufgaben ausführen kann: bei der Jagd helfen, Beute aufspüren, Haus und Hof bewachen, Nutzvieh hüten usw. Hier konnte dann der Mensch als Züchter ansetzen und Rassen mit weiteren erwünschten Eigenschaften herausselektieren.

Das wesentliche Kommunikationsmittel der Hunde ist der Geruchssinn („Geruchswelt"). Ein Hund riecht entsprechend der Anzahl an Riechzellen rund eine Million Mal besser als der Mensch, sein Riechzentrum im Gehirn ist relativ gesehen 40 Mal so groß wie das des Menschen. Aufgrund ihres exzellenten Geruchssinns sind Gerüche, die beispielsweise von Kot oder Urin ausgehen, Informationsquellen über Reviergrenzen, das Geschlecht anderer Hunde, den sexuellen Zustand, den Gesundheitszustand oder Bekanntheit. Auch Emotionen wie menschliche Angst können Hunde an Ausdünstungen unseres Körpers riechen.

Der Geschmackssinn ist beim Hund dagegen nur grob ausgebildet. Hunde besitzen nur rund 1/5 der Geschmacksknospen des Menschen. Auch die Sehschärfe der Augen ist geringer als beim Menschen, ebenso die Farbwahrnehmung, die Schwächen bei der Differenzierung im orange-roten Bereich zeigt.

Rezente Hunde verfügen über vielfältige Bewegungsweisen: Sie können gehen, traben, galoppieren und springen, auch schwimmen. Als Zehengänger erreichen Hunde hohe Geschwindigkeiten. Das fehlende Schlüsselbein macht sie flexibler in ihren Bewegungen.

Katzen

Die Familie der Katzen (Felidae) umfasst ursprünglich baumbewohnende Carnivore mit meist kurzer Schnauze, im Schädel vorne liegenden Augen und rückziehbaren Krallen. Nach konservativer Einteilung gliedert man die Katzen in Großkatzen (Gattung Panthera) und Kleinkatzen (Gattung Felis). Die Großkatzen vereint die Fähigkeit brüllen zu können, die Kleinkatzen können schnurren. Außerhalb steht der Gepard, der als einziger keine rückziehbaren Krallen besitzt.

Der Gepard (Acinonyx; Vorkommen: Afrika) ist der einzige echte Hetzjäger unter den Katzen. Er erreicht bei der Verfolgung einer Beute bis zu 100 km/h. Dieses Tempo ist aber sehr energieaufwändig, sodass er nur wenig Ausdauer besitzt. Durchschnittlich dauert die Verfolgung 20 Sekunden. Die schnelle Jagd führt zu einer starken Wärmeentwicklung gepaart mit Sauerstoffmangel.

Der Tiger (*Panthera tigris*; Vorkommen: Süd-Ostasien) ist die größte Katze und auf große Beutetiere spezialisiert, die er aus dem Hinterhalt erjagt. Tiger sind Einzelgänger. Sie halten ihre Reviere ohne Überschneidungen mit anderen Weibchen oder Männchen.

Der Löwe (*Panthera leo*; Vorkommen: Afrika, Südasien) zeigt als einziger der Katzenartigen einen auffallenden Sexualdimorphismus. Die Männchen besitzen eine Mähne und sind 20 bis 35 % größer als die Weibchen. Löwen sind als weitere Ausnahme sozial lebend. Sie bilden Rudel von mehreren erwachsenen Weibchen mit ihren Jungen und ein bis mehreren (meist verwandten) Männchen. Die Weibchen jagen gemeinsam größere Beutetiere, indem sie die Beute umzingeln, sich anschleichen und aus dem Hinterhalt mit einem Schlussspurt überwältigen.

Der Leopard (*Panthera pardus*; Vorkommen: Afrika, Süd-Ostasien) ist ein Einzelgänger, der nächtlich kleinere Beute jagt. Als guter Kletterer bringt er diese häufig auf Bäumen in Sicherheit. Häufig treten melanistische (schwarze) Formen (Panther) auf. In Süd-Amerika besetzt der Jaguar (*Panthera onca*) die gleiche ökologische Nische.

Die Domestikation der Kleinkatze dürfte vor etwa 4.000 Jahren erfolgt sein. Katzen sind aber trotz ihrer Annäherung an den Menschen eigenständig und unabhängig geblieben. Der Nutzen für den Menschen ist somit eher ein Nebeneffekt des natürlichen Verhaltens von Katzen, beispielsweise das Fangen von Mäusen und der damit verbundene Schutz von Vorräten. Als Stammform der Hauskatze gilt die Falbkatze (*Felis lybica*) des nördlichen Afrikas. Wildkatzen sind heute – soweit es das Klima zulässt – fast über die ganze Welt verbreitet.

Katzen sind Pirsch- oder Ansitzjäger (Ausnahme Gepard), die sich ihrer Beute lautlos nähern (rückziehbare Krallen) und sie dann mit einem letzten Sprung erlegen. Bei der Jagd hilft der Katze ihr räumliches Sehvermögen, der insgesamt gut ausgeprägte Gesichtssinn, ihr feiner Tastsinn (Sinneshaare) und ihr Gehör, wobei sie über die Pfoten tiefe Töne über Druckrezeptoren als Vibrationen wahrnimmt. Als Dämmerungs- und Nachtjäger können die Katzen ihre Pupillen dreimal weiter öffnen als der Mensch, um den Lichteinfall auf die Netzhaut (Retina) zu erhöhen. Um die Lichtausbeute weiter zu vergrößern, besitzen Katzen hinter der Netzhaut eine zusätzliche Gewebsschicht (Tapetum lucidum), die das einfallende Licht erneut auf die Retina spiegelt. Hierdurch erklären sich auch die leuchtenden Augen der Katzen. Die Nachtsichtfähigkeit ist im Vergleich zum Menschen sechsmal stärker. Besonders gut werden Bewegungen wahrgenommen. Das Farbensehen ist dagegen bei Katzen eingeschränkt. Sie besitzen weniger Zäpfchen als der Mensch und zeigen Schwächen im Bereich der Rot- und Orangetöne, die als Grauabstufungen wahrgenommen werden. Der Geruchssinn ist dagegen gut ausgeprägt, wenn auch nicht so gut wie beim Hund. Die Größe der Riechschleimhaut beträgt das Doppelte des Menschen. Außerdem können Katzen durch das JACOBSON'sche Organ in der Mundhöhlendecke weitere Geruchsmoleküle wahrnehmen. Der Geschmackssinn ähnelt im Bezug auf die Qualitäten „sauer", „bitter" und „salzig" dem des Menschen. „Süß" können Katzen nicht wahrnehmen, dafür aber erkennen sie einige Aminosäuren.

Ihr hochentwickelter Gleichgewichtssinn unterstützt die Katzen beim Klettern und lässt sie bei einem Sturz sprichwörtlich immer auf den Füßen landen.

Katzen leben im Allgemeinen solitär, sind aber territorial. Die Größe eines Reviers richtet sich u. a. nach der verfügbaren Nahrungsmenge, nach dem Geschlecht oder nach dem Alter. Männchen verteidigen allgemein größere Reviere als Weibchen. Meist werden Revierstreitigkeiten kampflos geklärt, weil Duftmarkierungen die Situation klären. Geruchsmarkierungen sind das wesentliche Kommunikationsmittel der Katzen. Talgdrüsen mit Duftproduktion findet man im Gesicht um das Maul herum und seitlich verlängert, ringförmig um die Augen, im Nacken, auf dem Rücken vor dem Schwanzansatz, im Analbereich und unter den Pfoten. Die Marken werden verteilt, indem sich die Katze mit dem Körper und dem Kopf an groben Steinen, Wänden, Zaunpfählen o. Ä. reibt, aber auch wenn sie ihre Krallen an Baumstämmen schärft, hinterlässt sie Duftmarken. Die stärksten Reviermarken werden aber durch Kot oder Urin gesetzt. Der Urin von Katern riecht besonders streng, weil er mit Stoffen aus den Analdrüsen versetzt wird. Urin wird von Männchen und Weibchen als dünner Strahl meist auf aufrechte Flächen in Kopfhöhe anderer Katzen verspritzt.

Die Duftmarken geben Auskunft über Geschlecht, Alter, Zeiträume der Benutzung eines Weges, den hormonellen Zustand, Paarungsbereitschaft und halten dadurch andere Katzen auf Distanz, sodass es meist nicht zu kämpferischen Auseinandersetzungen kommt. Kommt es doch zu Begegnungen mit anderen Katzen oder auch Hunden, so signalisiert die Körpersprache Verteidigungsbereitschaft. Dies genügt meistens, um den Eindringling zu verscheuchen. Nach hinten angelegte Ohren zeigen – ebenso wie ein Buckel und gesträubte Haare – die Bereitschaft zur Verteidigung. Aufgestellte Schwanzhaare signalisieren eher Erregung und Furcht und zeigen die baldige Flucht an.

Abbildung: Gorilla im Knöchelgang

Knöchelgang

Der Knöchelgang gehört zu den quadrupeden Fortbewegungsweisen. Er zeigt die für Wirbeltiere typische Überkreuzkoordination von Armen und Beinen. Außerdem kommt er in verschiedenen Gangarten vor. Die Hände werden beim Aufsetzen auf dem Boden nach dem ersten Fingerglied abgeknickt, sodass der Rücken des zweiten Fingerknöchels die „Lauffläche" bildet und das Körpergewicht in der Linie Oberarm, Unterarm, Mittelhand und erstes Glied des zweiten bis vierten Fingers abgestützt wird. Im Vergleich dazu knickt der Orang-Utan seine Hand vor der Mittelhandknochen ab und ist deshalb ein Faustgänger. Während der Fortbewegung befinden sich die Hände in zwei Phasen: In der Abstützphase tragen die Vorderextremitäten das Körpergewicht, nach dem Abheben schwingt die Hand vor, um erneut aufzusetzen. Im Handgelenk sind Speichenende und der gegenüber liegende Handwurzelknochen in ihrer Form einander angepasst, sodass in der Abstützphase das Einknicken im Handgelenk verhindert wird. Außerdem besitzt der dritte Mittelhandknochen außen einen Knochenkamm, der demselben Zweck dient. Diese typischen Knöchelgeher-Merkmale finden sich in der menschlichen Hand nicht. Bei Schimpansen ist der langsame Knöchelgang energieaufwändiger als der Aufrechtgang des Menschen. Bei schneller Fortbewegung allerdings erfordert der Knöchelgang weniger Energie als das zweifüßige Laufen des Menschen.

Pferdemagen

Die Pferdeartigen (Bsp. Pferd, Zebra, Esel) sind keine Wiederkäuer, sind folglich schlechtere Futterverwerter. Denn der Magen von Pferden ist einhöhlig. Er zeigt zwar eine größere Aussackung im unteren Teil der Speiseröhre, was eine gewisse Vorratshaltung ermöglicht, ist aber vergleichsweise klein. Bei Pferdeartigen übernimmt der Blinddarm die Funktion einer Gärkammer. Er ist zwar vergrößert, aber trotzdem bedeutend kleiner als der Pansen eines Rindes. Der Blinddarm beherbergt wie der Pansen der Paarhufer (Rinder, Schafe) Symbionten zur Zellulosevergärung. Auch die Pferdeartigen nutzen die entstehenden kurzen Fettsäuren. Allerdings werden nur rd. 30 % der aufgenommenen Cellulose wirklich verwertet, bei Rindern sind es 70 %. Aufgrund der Lage des Blinddarms hinter dem Magen nutzen Pferdeartige auch nicht die Proteine und Vitamine der Symbionten. Sie werden unverdaut über den anschließenden Dickdarm ausgeschieden. Dies zwingt Pferde zu einer kontinuierlichen Nahrungsaufnahme den ganzen Tag über, während beispielsweise Rinder Ruhepausen zum Wiederkäuen einlegen können und müssen.

Pflanzenfresser (Herbivore)

Die Ernährungsweise führt zu Anpassungen bei Gebiss und Verdauungssystem. So kann man aus deren Ausprägung Rückschlüsse auf das Nahrungsverhalten ziehen. Pflanzenfresser (Herbivore) müssen mit ihren Zähnen die pflanzliche Nahrung abreißen und klein zermahlen, damit sie optimal genutzt werden kann. Diese Arbeitsteilung zeigt sich deutlich im Gebiss. Die vorderen Zähne (Schneidezähne und Eckzähne – soweit nicht fehlend) bilden eine Reihe, um mit Unterstützung der Zunge und der Lippen Gras oder ähnliches abzurupfen. Im hinteren Bereich des Gebisses sind Prämolare und Molare zu einer einheitlichen Mahlfläche verschmolzen. Zwischen der hinteren und vorderen Zahngruppe liegt die typische Pflanzenfresser-Zahnlücke (Diastema). Pflanzenfresser benötigen zur Verwertung der energetisch geringerwertigen pflanzlichen Nahrung einen deutlich längeren Darm, um in längerer Zeit und mit größerer Oberfläche möglichst viele der in geringerer Konzentration vorliegenden Nährstoffe aufnehmen zu können. Außerdem besitzen viele Pflanzenfresser eine Gärkammer, in der symbiontische Bakterien und Einzeller die für Herbivore unverdauliche Cellulose zersetzen. Häufig geschieht dies im Blinddarm (Bsp. Pferdeartige). Das Vormagensystem der Paarhufer (Hornträger) stellt aber die optimalere Form dar (Bsp. Schaf und Rind).

Schwinghangeln (Brachiation)

Während Tieraffen sich quadruped auf einem Ast bewegen, „gehen" Gibbons und Orang-Utans beim Schwinghangeln an einem Ast wie der Mensch beim bipeden Laufen auf dem Boden. An einem Arm unter einem Ast hängend, schwingt der Körper und wird fortbewegt, indem eine Hand ein Stück vor der anderen an den Ast gehängt wird, während die andere loslässt. Dabei wird mit der Hand nicht gegriffen, also der Ast mit dem Daumen umschlossen, sondern die längliche Hand wird hakenartig eingehängt. Der unbeteiligte Daumen ist zur Handbasis zurück verlagert, bei einigen anderen Brachiatoren auch reduziert. Bei Schwinghanglern sind außer der Handfläche auch die Unterarme und damit die Arme insgesamt deutlich verlängert. Hierdurch wird die „Schrittlänge" vergrößert, was die Geschwindigkeit erhöht, ähnlich wirkt beim Aufrechtgang des Menschen eine Verlängerung der Beine. Die Beine sind beim Schwinghangeln nicht beteiligt. Sie werden meist eingezogen, um die „Pendellänge" zu verkürzen und so den Schwung zu erhöhen. Lässt ein Hangler im richtigen Moment los, wird er herausgeschleudert und fliegt frei durch die Luft. Die Gibbons sind wahre Meister darin. Sie stoßen sich oft an vertikalen Hindernissen nur mit den Füßen ab und ändern so die Richtung, bevor sie wieder zum Hangeln übergehen. Notwendig für diese Fortbewegungsweise war evolutionsgeschichtlich eine Umstrukturierung von Brustkorb und Schultergürtel, der nach rückwärts verlagert wurde. Hieraus resultierte die notwendige hohe Beweglichkeit der Arme im Raum.

Wiederkäuermagen

Der Magen hat allgemein die Aufgabe Nahrung zu speichern sowie physikalisch – durch die Bewegung – und chemisch die Zersetzung vorzubereiten. Es entsteht im Magen eine homogene, halbflüssige Masse. Das Milieu im Magen ist durch die Produktion von Salzsäure (HCl) sauer (pH ~ 2). Die Säure tötet Bakterien und sonstige Einzeller ab. Die vorhandenen Enzyme für die Eiweißverdauung sind an den pH-Wert angepasst. Je nach Ernährungsweise sind Mägen unterschiedlich gebaut. Bei Fleischfressern sind die Mägen wie bei einigen Pflanzenfressern einhöhlig. Neben diesem häufigsten Fall findet man auch zwei- und mehrhöhlige Mägen, letztere beispielsweise bei Wiederkäuern.

Ein Wiederkäuermagen, beispielsweise bei Schaf und Rind, besteht aus dem eigentlichen Magen (Labmagen) und einem Vormagensystem. Dieses wird aus dem unteren Teil der Speiseröhre gebildet und gliedert sich in den großen Pansen, den kleineren Netzmagen (Haube) und den Blättermagen (Psalter).

Die nur wenig zerkaute Grasnahrung gelangt zunächst in den Pansen und in den angrenzenden Netzmagen. Hier herrscht bei einer Temperatur von 37 bis 40 °C und einem leicht sauren pH-Wert (5,8–7,3) ein streng anaerobes Milieu. In dieser beim Rind ca. 70 l großen Gär- und Vorratskammer verarbeiten hauptsächlich symbiontische Bakterien und Ciliaten (Wimperntierchen, Einzeller) die pflanzliche Zellulose, die für Säuger unverdaulich ist. Circa 10^{10} Bakterien und 10^6 Ciliaten pro ml produzieren kurzkettige Fettsäuren, mit denen der Wirt bis zu 40 % seines Energiebedarfs deckt und die er zum Aufbau von Kohlehydraten und Fetten sowie Glukose nutzt. Neben Kohlendioxid (CO_2) entsteht Methan (CH_4) – beim Rind sind es rund 900 Liter pro Tag – die durch Aufstoßen abgegeben werden.

Damit die pflanzliche Nahrung von den Symbionten optimal genutzt werden kann, wird sie nach einiger Zeit erneut ins Maul befördert und dort sorgfältig zerkleinert. Hierzu wird die Speiseröhre ausgeweitet, wodurch ein Unterdruck entsteht, der bei geöffnetem Magenmund den Nahrungsbrei in die Speiseröhre saugt. Durch Kontraktionen der Speiseröhre, die in der Mitte beginnen, wird der Nahrungsbrei zum Teil ins Maul, zum Teil zurück in den Pansenraum befördert. Überschüssiges Wasser wird im Maul ausgepresst und wieder verschluckt.

V. UE: Säugetiere

Vor der eigentlichen Verdauung wird dem pflanzlichen Nahrungsbrei, der mit Bakterien und sonstigen Symbionten durchsetzt ist, das Wasser entzogen und resorbiert. Dies geschieht im Blättermagen, bevor die Nahrung in den eigentlichen Säugermagen, den Labmagen, gelangt. Das im Labmagen abgebaute Protein (Eiweiß) stammt größtenteils von den Symbionten, die als zusätzliche Nahrungsquelle auch für Kohlenhydrate und Vitamine dienen.

Winterschlaf

Unter Winterschlaf versteht man die tiefe Lethargie, die in der Winterzeit bei einigen Tierarten auftritt, in der sie keine Nahrung finden. Winterschlaf ist beschränkt auf Homöotherme, die ihre Körpertemperatur regulieren können. Kennzeichnend für den Winterschlaf ist eine sehr starke Absenkung der Körpertemperatur, teilweise auf Werte von 1 bis 5 °C, durch eine Soll-Wert-Änderung und den Verzicht auf temperaturregulatorische Wärmeproduktion. Damit verbunden ist ein extrem reduzierter Stoff- und Energieumsatz mit einem minimalen Sauerstoffbedarf, sodass die Häufigkeit von Atemzügen und Herzschlägen auf wenige Züge bzw. 2 bis 20 Schläge pro Minute abgesenkt sein kann. Kleine Tiere senken ihren Stoffwechsel deutlich stärker ab als große, denn ihr Volumen ist in Relation zu ihrer Körperoberfläche klein. So verbindet sich bei ihnen ein hoher Wärmeverlust mit einer relativ geringen Wärmeproduktion, was sie zu einer erhöhten Energieeinsparung zwingt. Mit der Auskühlung des Körpers ist eine Starre verbunden, bei der allerdings die Funktion des Nervensystems erhalten bleibt.

Vor dem Eintritt in den Winterschlaf fressen sich die Tiere einen Fettvorrat an, der bei reduziertem Stoffwechsel für die zu überbrückende Zeit reicht. Als Faktoren, die für den Eintritt in den Winterschlaf verantwortlich sein könnten, werden u. a. diskutiert: die Tageslänge, Nahrungsmangel, das Absinken der Temperatur und endokrine Zyklen als innere „Jahresuhr". Bei zu starkem Absinken der Umgebungstemperatur (meist unter den Gefrierpunkt) können Winterschläfer aufwachen oder den Körper durch eine Soll-Wert-Änderung für die Temperaturregulation leicht aufheizen. Letzteres ist energetisch gesehen günstiger, denn die Erwärmung des Körpers beim Aufwachen erfordert hohe energetische Kosten. Die hierfür eingesetzten Reserven verkürzen den gesamten Zeitraum des Winterschlafs und führen möglicherweise zu einem verfrühten Aufwachen im nächsten Jahr, wenn die Überlebenschancen geringer sind. Winterschläfer sollten also möglichst nicht gestört werden.

Winterschläfer besitzen in der Nackengegend und zwischen den Schulterblättern das mitochondrienreiche Braune Fettgewebe, das beim Aufwachen aus dem Winterschlaf zunächst besonders Herz und Gehirn, also den Vorderkörper, erwärmt. Durch Abkopplung der ATP-Bildung wird im Braunen Fettgewebe die gesamte Energie als Wärme freigesetzt. Verbrannt werden Glykogen, Blutzucker und Fett; bei dem anfangs geringen Sauerstoffgehalt läuft auch Milchsäuregärung ab. Erst nach dem Aufheizen des Vorderkörpers folgt die Erwärmung des hinteren Teils, wobei die Skelettmuskeln durch Muskelzittern zusätzlich Wärme erzeugen.

Echter Winterschlaf tritt in den Säugetierordnungen der Insektenfresser (Insectivora: Igel), Nagetiere (Rodentia: Siebenschläfer, Gartenschläfer) und Fledermäuse (Chiroptera) auf. Nur wenige Vogelarten zeigen ebenfalls einen Winterschlaf; einige Vögel und Fledermäuse befinden sich aber nachts in einem ähnlichen Zustand: dem Torpor.

Vom Winterschlaf ist die Winterruhe zu unterscheiden. Hierbei wird die Körpertemperatur nur wenig abgesenkt. Entsprechend hoch bleibt der Stoffwechsel, sodass in der Zeit der Ruhe immer wieder Nahrung aufgenommen werden muss. Hierfür legen viele Winterruher Vorräte an (Eichhörnchen). Zusätzlich fressen sich auch Winterruher ein Fettdepot an. Der Begriff „Winterstarre" („Kältestarre") sollte für das passive Erstarren poikilothermer Tiere bei Absinken der Umgebungstemperatur reserviert werden. Diesen Tieren ist auch kein aktives Aufwachen in der Starrephase möglich.

V. UE: Säugetiere

V.2 Informationen zur Unterrichtspraxis
V.2.1 Einstiegsmöglichkeiten

Einstiegsmöglichkeiten	Medien
A.: Einstieg mit lebendem Objekt	
■ SoS bringt ein Kleintier (Hamster, Meerschweinchen) mit in den Unterricht. Nach eingehender Begutachtung durch die SuS stellt L die Frage, welcher größeren systematischen Gruppe es angehört. Die SuS werden spontan die richtige Antwort „Säugetiere" geben. L problematisiert diese Antwort und fragt nach Erkennungsmerkmalen. In einer kurzen Plenumsdiskussion wird klar: Säugetiere besitzen als einzige Tiergruppe Haare und sind daran eindeutig erkennbar.	■ keine ■ Tafel
■ L nimmt diese Erkenntnis mit Folienkopie von Material V./M 1 auf und vertieft mit Frage b).	■ Material V./M 1 (Folienkopie): Klasse Säugetiere
B.: Einstieg mit Umfrage „Lieblingstier", systematische Expansion	
■ L initiiert als Reiheneinstieg eine Umfrage zu den Lieblingstieren der SuS. Jeder schreibt sein Lieblingstier an die Tafel.	■ Tafel
■ Anschließend fragt L, zu welchen Tiergruppen die genannten Tiere gehören. Die SuS ordnen in einer kurzen Gruppenarbeitsphase in Zweiergruppen die genannten Tiere den Gruppen der Wirbeltiere zu.	■ keine
■ Die Ergebnisse der SuS werden an der Tafel präsentiert und mit Blick auf die Unterscheidungsmerkmale diskutiert.	■ Tafel *Erfahrungsgemäß und nach wissenschaftlichen Untersuchungen (vgl. *) benutzen die SuS am häufigsten den Lebensraum als Bestimmungsmerkmal. Weitere wichtige Kriterien sind Fortbewegung und Ernährung.*
■ In der Diskussion wird deutlich, dass das Merkmal „Lebensraum" (Wasser, Land) zusammen mit dem Merkmal „Hautanhangsgebilde" (Haare: Säuger; Federn: Vögel) eine elementare Bestimmung der Wirbeltiergruppen ermöglicht.	
■ L betont mit Material V./M 1 als Folie die Haare als Abgrenzungsmerkmal der Säuger und vertieft mithilfe von Frage b).	■ Material V./M 1 (Folienkopie): Klasse Säugetiere
Unterrichtliche Anmerkung: Die Einstiege A und B schließen sich nicht aus. Sie können statt alternativ auch gemeinsam nacheinander gewählt werden. Als Überleitung von der Einstiegs- zur Erarbeitungsphase kann die Folie „Säugetiere – Wirbeltiere mit Haut und Haar" eingesetzt werden.	

---

*) *Kattmann, Ulrich / Fischbeck, Marina / Sander, Elke: Von Systematik nur eine Spur: Wie Schüler Tiere ordnen, in: UB Nr. 218, S. 50–52, 1996 und Sonnenfeld, Ulrike / Kattmann, Ulrich: Lebensräume helfen ordnen: Schülerinnen und Schüler klassifizieren Wirbeltiere, in: Zeitschrift für Didaktik der Naturwissenschaften, S. 23–31, Jg. 8, 2002*

V. UE: Säugetiere

C.: Einstieg mit Zoobesuch, systematische Expansion	
■ Als Teil einer Zooexkursion stellen die SuS zehn Tiere zusammen, die sie besonders interessant finden.	■ keine; *Bemerkung: Es sollte darauf geachtet werden, dass die SuS das Wolfsgehege sowie die Raubkatzenanlage des Zoos aufsuchen.*
■ Anschließend stellen die SuS ihr gewähltes Tier vor und begründen ihre Wahl.	
■ Soweit noch nicht angesprochen, fragt L, zu welchen Tiergruppen die genannten Tiere gehören.	■ keine
■ weiter wie in Einstiegsmöglichkeit B	■ keine

V.2.2 Erarbeitungsmöglichkeiten

Erarbeitungsschritte	Medien
A./B./C.: 1. Merkmale der Säugetiere: Haut und Haare	
■ L leitet über zur näheren Betrachtung der Haut.	■ keine
▶ **Problem:** Aufbau der Haut eines Säugetiers	
■ Die SuS erhalten Material V./M 2 zur Erarbeitung in Zweiergruppen. Die Ergebnisse werden anschließend auf dem Arbeitsprojektor mit Material V./M 2 als Folie verglichen.	■ Material V./M 2 (materialgebundene Aufgabe): Mit Haut und Haaren ■ Material V./M 2 als Folienkopie, Arbeitsprojektor
A./B./C.: 2. Wolf und Wildkatze – Vorfahren unserer liebsten Haustiere	
■ L thematisiert das Thema „Haustiere" und leitet die Diskussion am Ende auf die beliebtesten und am weitesten verbreiteten Vertreter: Hund, Katze.	■ keine
■ Im zweiten Teil des Einstiegsgesprächs fokussiert L auf die Vorfahren von Hund und Katze: den Wolf und die Wildkatze. Zur Illustration hält L einige Abbildungen bereit. Gefährdung und Rückkehr von Wolf und Wildkatze in Mitteleuropa sollten angesprochen werden. Abschließend leitet L zu einem Vergleich von Wolf und Wildkatze über.	■ Abbildungen von Wolf und Wildkatze als Dias, Folien o. Ä.
▶ **Problem:** Wolf und Wildkatze im Vergleich	
■ Die SuS erhalten Material V./M 3 und bearbeiten das Material in Partnerarbeit.	■ Material V./M 3 (materialgebundene Aufgabe): Vorfahren
■ Die Ergebnisse werden im Plenum verglichen und einige Charakterisierungen werden verlesen.	
■ Nachdem die SuS grundlegende Informationen über Fortbewegung und Jagdverhalten etc. besitzen, leitet L zur Besprechung des Knochenbaus als Grundlage über.	■ Skelett eines Hundes
▶ **Problem:** Skelett des Wolfs	
■ Zur Erarbeitung lösen die SuS das Rätsel in Material V./M 4 in Einzelarbeit.	■ Material V./M 4 (materialgebundene Aufgabe): Skelett eines Wolfs

V. UE: Säugetiere

■ Einige SuS tragen die richtigen Lösungsworte an der Tafel in der Reihenfolge 1 bis 18 zusammen. Fehler werden korrigiert.	■ Tafel
■ Zum Abschluss stellt L die Frage b) und die SuS identifizieren den Wolf als Zehengänger.	■ keine
■ L präsentiert das Skelett einer Katze. Die SuS vergleichen mit dem bekannten Skelett eines Wolfs. ▶ **Problem:** Skelett einer Katze ■ Zur genaueren Erarbeitung von Gebiss und Extremitäten in Kleingruppen/Partnerarbeit erhalten die SuS Material V./M 5. Das Skelett und ein Katzenschädel dienen zur Anschauung. L betreut und unterstützt die Gruppen. ■ Die Ergebnisse werden im Plenum zusammengefasst und ggf. erläutert. Die Abschlussdiskussion ordnet die erarbeiteten Besonderheiten in das Beutefangverhalten einer Katze ein. Dies kann evtl. auch als Hausaufgabe erfolgen.	■ Skelett einer Katze, Katzenschädel ■ Material V./M 5 (materialgebundene Aufgabe): Skelett einer Katze ■ *Eine Vertiefung zur Jagdtechnik kann FWU-VHS-Video 4210368: Die Hauskatze, 15 Min., f, 1996 (in Ausschnitten) bieten.*
■ L thematisiert das Vorkommen der Katzenartigen, speziell der Großkatzen. ▶ **Problem:** Verbreitung und Gefährdung der Großkatzen ■ Auf Material V./M 6 notieren die SuS ihre Kenntnisse von der heutigen Verbreitung der Großkatzen. ■ Nach dem Abgleichen der Ergebnisse auf dem Arbeitsprojektor diskutiert das Plenum Ursachen für die Gefährdung der Großkatzen.	■ keine ■ Material V./M 6 (materialgebundene Aufgabe): Großkatzen der Welt ■ Material V./M 6 als Folienkopie, Arbeitsprojektor
A./B./C.: 3. Fortbewegungsarten	
■ L reflektiert mit den SuS zum Einstieg in diesen Teil der UE die Lebensräume der Säugetiere und die daran angepasste Art der Fortbewegung. L verengt die Perspektive auf das am weitesten verbreitete Laufen. Hier gibt es Unterschiede in der Geschwindigkeit (Hase und Igel). ▶ **Problem:** Spezialisierungen der Beine von Sohlen-, Zehen- und Zehenspitzengängern ■ Die SuS erarbeiten mit Material V./M 7 in Partnerarbeit die Anpassungsmerkmale der drei Beintypen [Aufgaben a) und b)]. ■ In der abschließenden Plenumsrunde werden die notierten Merkmale verglichen und der Bezug zur Laufgeschwindigkeit betont. Schließlich fragt L nach den Fußtypen [Aufgabe c)].	■ Tafel: Säugetiere bewohnen alle Groß-Lebensräume: Land – laufen (Hund, Katze); Wasser – schwimmen (Wale, Delfine); Luft – fliegen (Fledermäuse). ■ Material V./M 7 (materialgebundene Aufgabe): Spezialisierungen ■ Modell Sohlen-, Zehen- und Zehenspitzengänger, weitere Beinskelette ■ keine

V. UE: Säugetiere

■ L führt die Thematik weiter, indem er den Blick auf die Gangarten erweitert, die ebenfalls mit verschiedenen Geschwindigkeiten verbunden sind. ▶ **Problem:** Gangarten der Säugetiere ■ Zum Einstieg zeigt L ein Video zur Fortbewegung von Pferden. ■ Im Anschluss erarbeiten die SuS mit Material V./M 8 die Gangarten. ■ Die Schrittfolgen der drei Gangarten werden an der Tafel festgehalten und verglichen, die weiteren Ergebnisse im Gespräch zusammengetragen.	■ keine ■ *FWU-VHS-Video 4210261: Das Pferd, 14 Min., f, 1993* ■ Material V./M 8 (materialgebundene Aufgabe): Gangarten ■ Tafel
■ L stellt als kurze Video-Sequenz das Schwinghangeln eines Orang-Utans vor. Im anschließenden Gespräch wird auch der Knöchelgang als weitere besondere Fortbewegungsweise der Menschenaffen einbezogen. ▶ **Problem:** Fortbewegung der Menschenaffen ■ Die SuS bearbeiten Material V./M 9 [außer Aufgabe e)] in arbeitsteiliger Gruppenarbeit, wobei in den beiden Großgruppen zu Schimpanse und Gibbon wiederum zwei Partner zusammenarbeiten. ■ Die Ergebnisse werden mit einer Partnerkleingruppe zum jeweils anderen Thema ausgetauscht, wozu sich die SuS zu neuen Vierergruppen zusammenfinden. In dieser Gruppe erarbeiten die SuS auch Aufgabe e), falls sie nicht als Hausaufgabe gestellt wird. ■ Als Abschluss dieser Teilsequenz sehen die SuS das Video über die Gefährdung der Gorillas. Anschließend wird über die Gründe und mögliche Maßnahmen zum Schutz dieser und anderer Menschenaffen gesprochen.	■ *DVD 4640484: Orang-Utan – „Der Waldmensch", 15 Min., f, 2004* ■ Material V./M 9 (materialgebundene Aufgabe): Gehen mit den Händen ■ Abbildungen von Händen und Füßen der Menschenaffen ■ Abbildungen der Menschenaffen in ihren Lebensräumen ■ *VHS-Video 4256677: Gorillas, 15. Min., f, 2002*

A./B./C.: 4. Nahrungsspezialisten

■ L leitet die Thematik „Verdauung und Nahrung" ein und stellt die Unterscheidung in Fleisch- und Pflanzenfresser vor. ▶ **Problem:** Vergleich Fleischfresser – Pflanzenfresser ■ Die SuS erarbeiten die Thematik arbeitsteilig, indem Partner- oder Kleingruppen jeweils Esel oder Fuchs auswählen. ■ Die Lösungen werden tabellarisch an der Tafel festgehalten. Aufgabe c) kann evtl. als Hausaufgabe bearbeitet werden.	■ keine ■ Material V./M 10 (materialgebundene Aufgabe): Nahrungsspezialisten ■ Schädel von Carnivoren und Herbivoren, evtl. Wildschwein als omnivor ■ Tafel

V. UE: Säugetiere

■ L spricht die Kuh an, die den SuS aus ihrem allgemeinen Weltwissen als besonderer Verdauungsspezialist ("Wiederkäuer") bekannt ist.	■ keine
▶ **Problem:** Der Wiederkäuermagen	
■ L teilt zur Erarbeitung Material V./M 11 und 12 aus. Die SuS erledigen die Aufgaben in Stillarbeit.	■ Material V./M 11 und 12 (materialgebundene Aufgaben): Der Wiederkäuermagen 1 und 2
■ Die Lösungen werden anschließend mit einem Partner verglichen und evtl. korrigiert, wobei L Hilfestellung gibt.	■ keine
■ Aufgabe e) kann evtl. als Hausaufgabe gestellt werden.	
■ Zur Festigung zeigt L ein Video zum Thema. Ungeklärte Fragen werden anschließend besprochen.	■ FWU-VHS-Video 4202135: Das Verdauungssystem des Hausrindes, 16 Min., 1997

A./B./C.: 5. Angepasstheiten (Beispiele)

■ L spricht mit den SuS über die Notwendigkeit der artgerechten Haltung von Haustieren und erklärt dies mit der Angepasstheit der Tiere an ihren ursprünglichen Lebensraum. Die Angepasstheit an bestimmte Umweltbedingungen zeigt sich auch bei frei lebenden Tieren, die aussterben, wenn die natürlichen Lebensbedingungen fehlen. Ein Beispiel solcher gefährdeter Arten ist die Fledermaus.	■ keine
▶ **Problem:** Besonderheiten der Fledermäuse: Winterschläfer und fliegende Säuger	
■ Die SuS bilden Kleingruppen in gradzahliger Anzahl, unter denen hälftig die Bearbeitung der Themen von Material V./M 13 [Winterschlaf; Aufgaben a) bis e) oder Flug; Aufgaben f) bis h)] aufgeteilt wird.	■ Material V./M 13 (materialgebundene Aufgabe): Nachtgeister
■ Nach der Erarbeitungsphase informieren sich jeweils zwei Kleingruppen mit unterschiedlicher Aufgabenstellung gegenseitig.	■ keine
■ Die Abschlussdiskussion im Plenum rundet die Besprechung des Themas ab.	■ Zur Ausweitung des Themas „Fledermäuse" stehen einige Videos und Filme sowie die Folie „Wanderstrecken von Fledermäusen" zur Verfügung (siehe Medieninformationen).
■ L leitet über zur Angepasstheit an Hitze und Trockenheit bei den Kamelen und zeigt dazu einen Video-Ausschnitt zur Angepasstheit des Dromedars.	■ FWU-VHS-Video 4210367: Überleben in der Wüste – Tiere in Hitze und Trockenheit, 15 Min., f, 1996 (Ausschnitt)
▶ **Problem:** Hitze- und Trockenangepasstheiten beim Dromedar	
■ Die SuS erarbeiten die Einzelheiten anhand von Material V./M 14 in Partnerarbeit.	■ Material V./M 14 (materialgebundene Aufgabe): Überleben in der Wüste
■ Die Lösungen werden im Plenum besprochen und erläutert.	■ keine

V. UE: Säugetiere

V./M 1	Klasse Säugetiere	Folienvorlage, materialgebundene AUFGABE

Arbeitsmaterial:

Wissenschaftler ordnen Lebewesen heute, indem sie ein einziges Merkmal zur Abgrenzung einer Gruppe benutzen. So besitzen beispielsweise alle Primaten (Menschenartigen) Fingernägel und grenzen sich dadurch gegen alle anderen Säugerordnungen ab. In der Abbildung findest du weitere Beispiele.

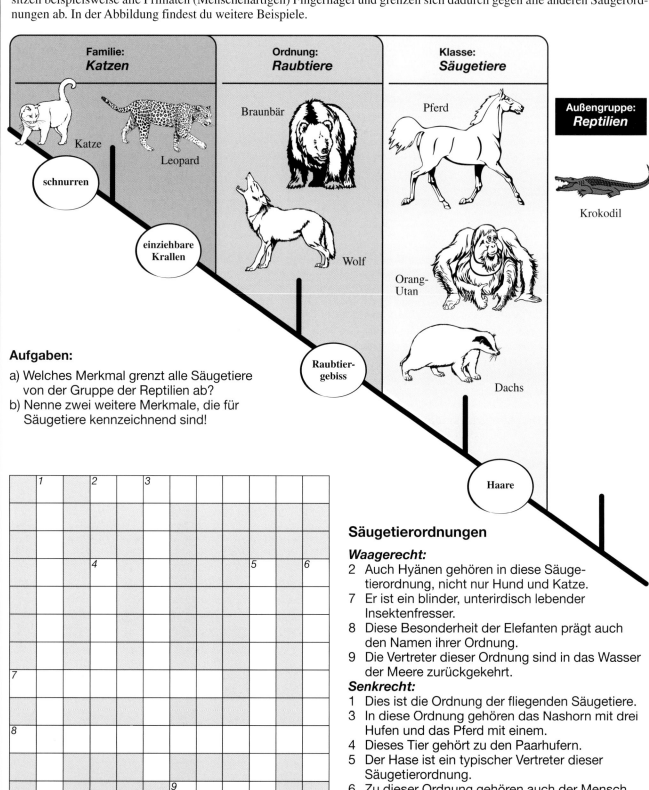

Aufgaben:

a) Welches Merkmal grenzt alle Säugetiere von der Gruppe der Reptilien ab?
b) Nenne zwei weitere Merkmale, die für Säugetiere kennzeichnend sind!

Säugetierordnungen

Waagerecht:
2 Auch Hyänen gehören in diese Säugetierordnung, nicht nur Hund und Katze.
7 Er ist ein blinder, unterirdisch lebender Insektenfresser.
8 Diese Besonderheit der Elefanten prägt auch den Namen ihrer Ordnung.
9 Die Vertreter dieser Ordnung sind in das Wasser der Meere zurückgekehrt.

Senkrecht:
1 Dies ist die Ordnung der fliegenden Säugetiere.
3 In diese Ordnung gehören das Nashorn mit drei Hufen und das Pferd mit einem.
4 Dieses Tier gehört zu den Paarhufern.
5 Der Hase ist ein typischer Vertreter dieser Säugetierordnung.
6 Zu dieser Ordnung gehören auch der Mensch und der Schimpanse *(lat.)*

ä = ae, ö = oe; ü = ue

V. UE: Säugetiere

| V./M 2 | Mit Haut und Haaren | Materialgebundene AUFGABE |

Arbeitsmaterial:

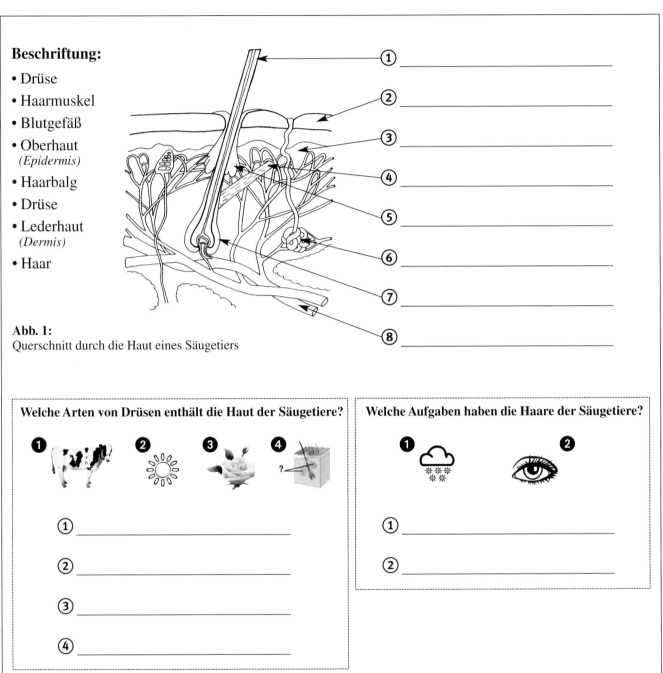

Beschriftung:
- Drüse
- Haarmuskel
- Blutgefäß
- Oberhaut *(Epidermis)*
- Haarbalg
- Drüse
- Lederhaut *(Dermis)*
- Haar

① _____
② _____
③ _____
④ _____
⑤ _____
⑥ _____
⑦ _____
⑧ _____

Abb. 1: Querschnitt durch die Haut eines Säugetiers

Welche Arten von Drüsen enthält die Haut der Säugetiere?

① _____
② _____
③ _____
④ _____

Welche Aufgaben haben die Haare der Säugetiere?

① _____
② _____

Aufgaben:

a) Beschrifte den Hautquerschnitt, indem du die vorgegebenen Begriffe richtig in die Tabelle einträgst!
b) Beantworte die Fragen 1 und 2 mithilfe der Abbildungen! Trage die Begriffe in die vorgegebene Tabelle ein!

V. UE: Säugetiere

| V./M 3 | Vorfahren | Materialgebundene AUFGABE |

Arbeitsmaterial:

Hund und Katze wurden vom Menschen schon früh als Haustiere gehalten und seinen Wünschen entsprechend gezüchtet. Einige grundlegende Merkmale haben beide von ihren Vorfahren, dem Wolf und der Wildkatze, aber bis heute behalten.

Ordne diese Eigenschaften richtig zu!

(1) Einzelgänger *(2) länglicher Schädel* *(3) nicht einziehbare Krallen* *(4) Zehengänger*
(5) Revierverteidigung *(6) soziale Tiere* *(7) Hetzjäger* *(8) kurzer Schädel*
(9) gutes Gehör *(10) „Augentiere"* *(11) Schleichjäger* *(12) einziehbare Krallen*
(13) Fleischfresser *(14) nachtaktiv* *(15) „Geruchstiere"* *(16) tagaktiv*

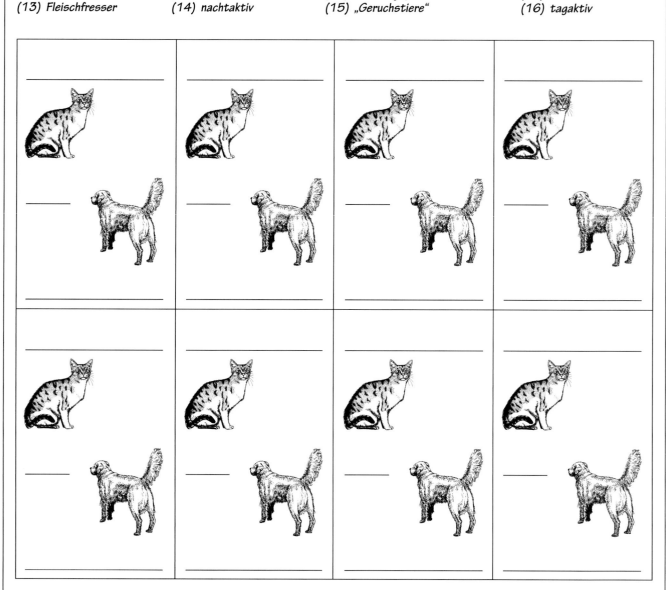

Aufgaben:

a) Trage in jede Abbildung oben eine Eigenschaft des Wolfs und unten eine der Wildkatze ein, in der Mitte ein *oder*, weil die Eigenschaften nur für Katze oder Wolf gelten! **Achtung!** Es gibt auch Eigenschaften, die auf beide zutreffen. Trage in diesen Fällen ein *und* in der Mitte ein!
b) Ordne die Eigenschaften jeweils und schreibe anhand der Begriffe eine kurze Charakterisierung von Wolf und Wildkatze!

V. UE: Säugetiere

| V./M 4 | Skelett eines Wolfs | Materialgebundene AUFGABE |

Arbeitsmaterial:

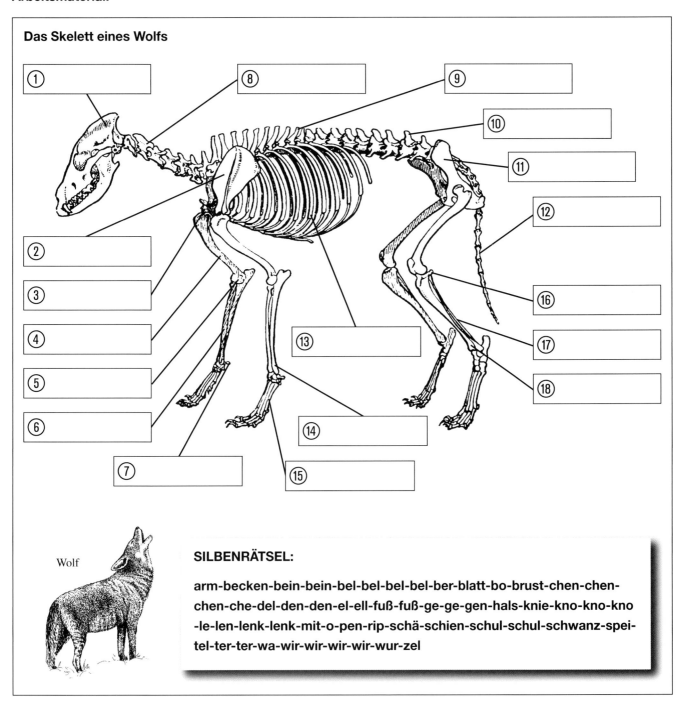

SILBENRÄTSEL:

arm-becken-bein-bein-bel-bel-bel-bel-ber-blatt-bo-brust-chen-chen-chen-che-del-den-den-el-ell-fuß-fuß-ge-ge-gen-hals-knie-kno-kno-kno-le-len-lenk-lenk-mit-o-pen-rip-schä-schien-schul-schul-schwanz-spei-tel-ter-ter-wa-wir-wir-wir-wir-wur-zel

Aufgaben:

a) Beschrifte die Abbildung, indem du wie bei einem Silbenrätsel die richtigen Silben der „Lösungsworte" zusammenstellst und in die Abbildung einträgst! *Tipp: Streiche die benutzten Silben durch.*
b) Welche Teile der Wolfspfote berühren beim Laufen den Boden?

V. UE: Säugetiere

| V./M 5 | Skelett einer Katze | Materialgebundene AUFGABE |

Arbeitsmaterial:

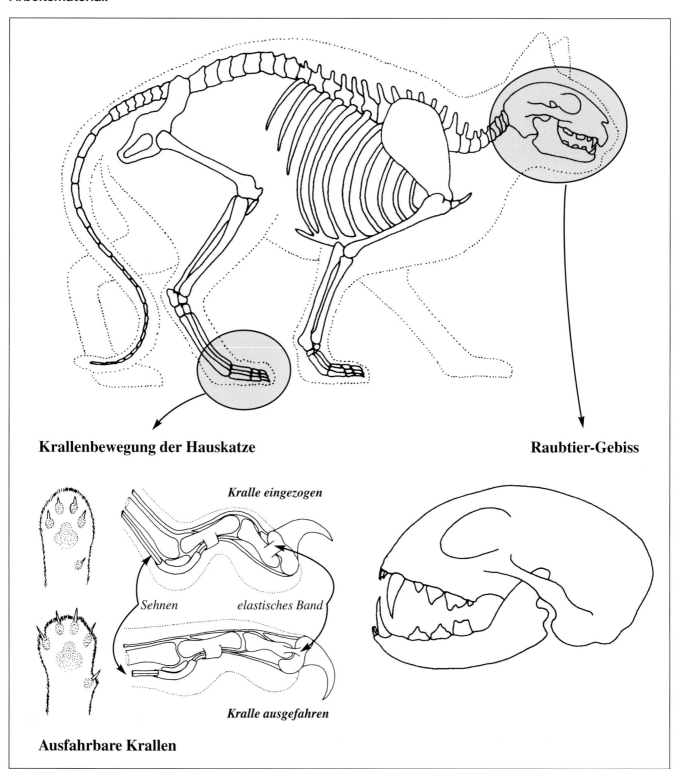

Krallenbewegung der Hauskatze

Kralle eingezogen

Sehnen   elastisches Band

Kralle ausgefahren

Ausfahrbare Krallen

Raubtier-Gebiss

Aufgaben:

a) Markiere die Zähne im Katzengebiss: blau – Schneidezähne, rot – Eckzähne, grün – Backenzähne!
b) Beschreibe die Aufgabe, die die drei Zahntypen beim Fressen von der Beute erfüllen!
c) Vergleiche die Länge von Vorder- und Hinterextremitäten miteinander und beschreibe den Vorteil, den eine Katze durch den Bau ihrer Hinterbeine hat!
d) Beschreibe die Nutzung der rückziehbaren Krallen beim Beutefang!

V. UE: Säugetiere

| V./M 6 | Großkatzen der Welt | Materialgebundene AUFGABE |

Arbeitsmaterial:

Man unterteilt die Katzenartigen traditionell nach der Größe in Kleinkatzen und Großkatzen. Hinzu kommt, dass Großkatzen brüllen können, während Kleinkatzen nur schnurren. Ansonsten bestehen zwischen beiden Gruppen viele Ähnlichkeiten. Alle Katzen ernähren sich ausschließlich von fleischlicher Nahrung. Bei Großkatzen findet man aber einige Unterschiede im Jagdverhalten. Tiger, Leopard und Jaguar schleichen sich allein an ihre Beute an und überwältigen sie mit einem Sprung, wie wir es von unserer Hauskatze kennen. Der Gepard vertraut auf seine Schnelligkeit und hetzt ein Beutetier, bis er es mit einem Biss in die Kehle tötet. Bei den Löwen jagen Weibchen sogar im Sozialverband.

Großkatzen sind über die gesamte alte und neue Welt verbreitet. Doch nahezu alle Arten sind vom Aussterben bedroht. Ihr Überleben ist durch die Pelzjagd, den Handel mit Tierprodukten und durch die Vernichtung ihrer Lebensräume gefährdet.

Jaguar   **Löwe und Löwin**   **Gepard**

Leopard   **Tiger**

Aufgabe:
Zeichne mit Pfeilen ein, auf welchen Erdteilen die aufgeführten Großkatzen heute noch leben!

V. UE: Säugetiere

V./M 7	Fortbewegungsarten: Spezialisierungen	Materialgebundene AUFGABE

Arbeitsmaterial:

Die Geschwindigkeit, mit der sich Säugetiere fortbewegen, ist sehr unterschiedlich. Sie hängt vor allem von der Schritthäufigkeit und der Schrittlänge ab. Diese wiederum ist direkt mit der Größe eines Tieres verbunden. Kleine Tiere werden also immer langsamer sein als große. Neben den Gangarten Schritt – Trab – Galopp, zwischen denen die Tiere wechseln können, gibt es aber auch anatomische Spezialisierungen des (Bein-)Skeletts, die sich auf die Laufgeschwindigkeit auswirken. Man unterscheidet zwischen Sohlen-, Zehen- und Zehenspitzengängern (vgl. Abb., *schwarz:* Fußknochen).

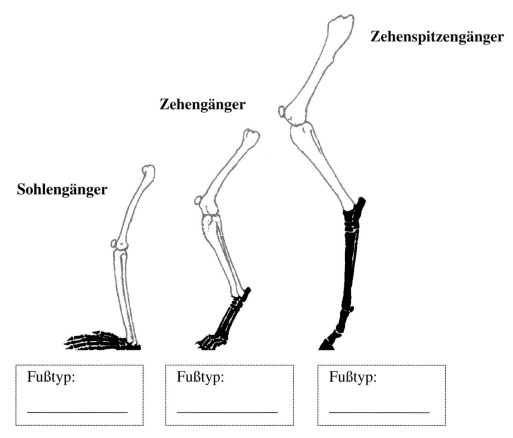

Fußtyp: _____   Fußtyp: _____   Fußtyp: _____

Quelle der Fuß-Abbildungen: Scheiba, Bernd, S. 95

Spezialisierungstypen	Beispiele	Eigenschaften
Sohlengänger	Igel, Marder, Bär (Mensch)	*Fortbewegung langsam, ausschließlich im Schritt*
Zehengänger	• Katzen • Hunde	• *Fortbewegung in allen Gangarten; schnelle Sprinter; Spitzenleistung: Gepard 115 km/h* • *Ausdauernde schnelle Läufer (Hetzjäger); Wolf: 40–50 km/h*
Zehenspitzengänger	Pferd; auch: Rinder, Hirsche, Antilopen (Huftiere)	*Fortbewegung in allen Gangarten, hohe Geschwindigkeiten; Pferd: 50–60 km/h*

Aufgaben:
a) Beschreibe die Spezialisierungen der Zehen- und Zehenspitzengänger!
b) Erkläre, welche Auswirkungen die Spezialisierungen des Beinskeletts auf die Laufgeschwindigkeit haben!
c) Wie heißt der Fußtyp von Sohlen-, Zehen- und Zehenspitzengängern?

V. UE: Säugetiere

| V./M 8 | Gangarten | Materialgebundene AUFGABE |

Arbeitsmaterial:

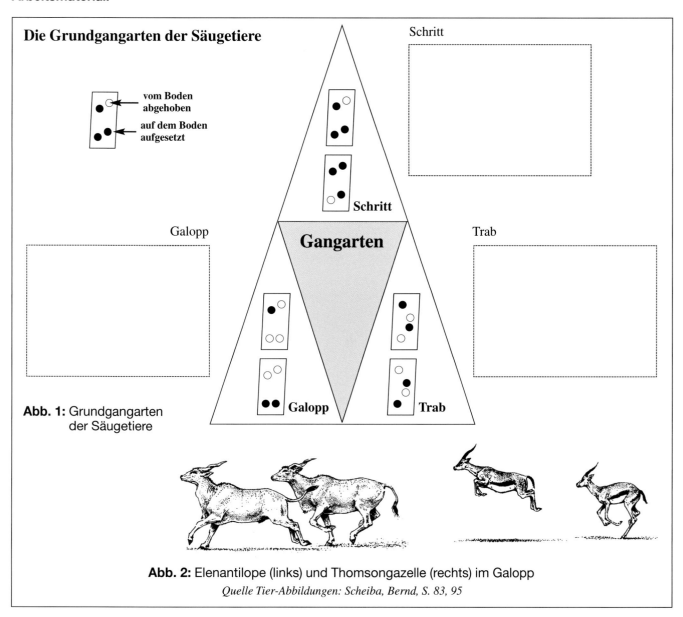

Abb. 1: Grundgangarten der Säugetiere

Abb. 2: Elenantilope (links) und Thomsongazelle (rechts) im Galopp

Quelle Tier-Abbildungen: Scheiba, Bernd, S. 83, 95

Aufgaben:

a) Beschreibe die Schrittfolgen der einzelnen Gangarten!
b) Begründe, weshalb der Trab aus dem Schritt hervorgeht, der Galopp aber eine ganz eigene Gangart ist!
c) Ordne die Pferde-Abbildungen den einzelnen Gangarten zu! Begründe deine Wahl. Schneide sie aus und klebe sie nach Überprüfung mit deinem Nachbarn ins Gangartenschema ein!
d) Begründe die Verwandtschaft des Galopps mit dem Sprung eines Vierfüßers! Gehe hierzu auch auf Abbildung 2 ein!
e) Kläre den Unterschied zwischen Kreuzgang (wie hier in Schritt und Trab dargestellt) und dem Passgang! Nenne ein Tier, das sich im Passgang bewegt!

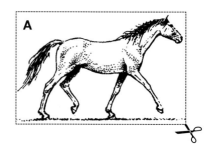
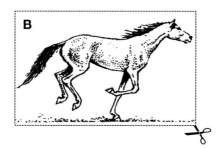

V. UE: Säugetiere

V./M 9	Gehen mit den Händen	Materialgebundene AUFGABE

Arbeitsmaterial:

Abb. 1: Kleiner Schimpanse im Knöchelgang

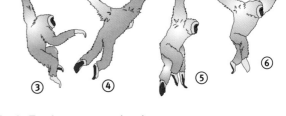

Abb. 2: Fortbewegung durch Schwinghangeln beim Gibbon

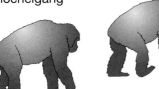

schwingen *stützen*

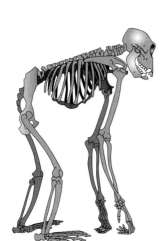

Abb. 3: Skelett eines Schimpansen

Menschenaffenart	Länge des Unterarms in % des Oberarms
Gorilla	80
Orang-Utan	120

Tab. 1: Verhältnis von Unterarm zu Oberarm bei zwei weiteren Menschenaffen (Gorilla und Orang-Utan)

Menschen-affenart	Lebensraum und Lebensweise
A	tropischer Regenwald Südost-Asiens • baumlebend • Schwinghangler
B	tropischer Regenwald Afrikas • bodenlebend • Knöchelgänger

Tab. 2: Lebensraum und -weise von Gorilla bzw. Orang-Utan

Abb. 4: Skelett eines Gibbons

Aufgaben:

a) Beschreibe die Fortbewegung im Knöchelgang bei Schimpansen nach Abbildung 1! Vergleiche den Knöchelgang mit dem Vierbeinergang anderer Tiere!
b) Beschreibe die Fortbewegung durch Schwinghangeln bei Gibbons nach Abbildung 2! Vergleiche das Schwinghangeln mit dem Aufrechtgang des Menschen!
c) Berechne für Schimpanse und Gibbon das Verhältnis Unterarmlänge : Oberarmlänge!
   Miss hierzu in den Abbildungen 3 und 4 die Länge des Oberarmknochens und der Speiche. Berechne danach die Länge des Unterarms (Speiche) in Prozent der Länge des Oberarms (Unterarm x 100 / Oberarm). Welche Feststellung machst du? Welches weitere Merkmal lässt ebenfalls auf eine Fortbewegung durch Schwinghangeln schließen?
d) Ordne nach den Angaben der Tabelle 1 den beiden Menschenaffenarten Lebensraum und Lebensweise in Tabelle 2 zu! Begründe deine Zuordnung!
e) Informiere dich über Lebensraum und Lebensweise von Gibbon und Schimpanse! Durch welche Gemeinsamkeiten zeichnen sich afrikanische bzw. asiatische Menschenaffen aus?

V. UE: Säugetiere

| V./M 10 | Nahrungsspezialisten | Materialgebundene AUFGABE |

Arbeitsmaterial:

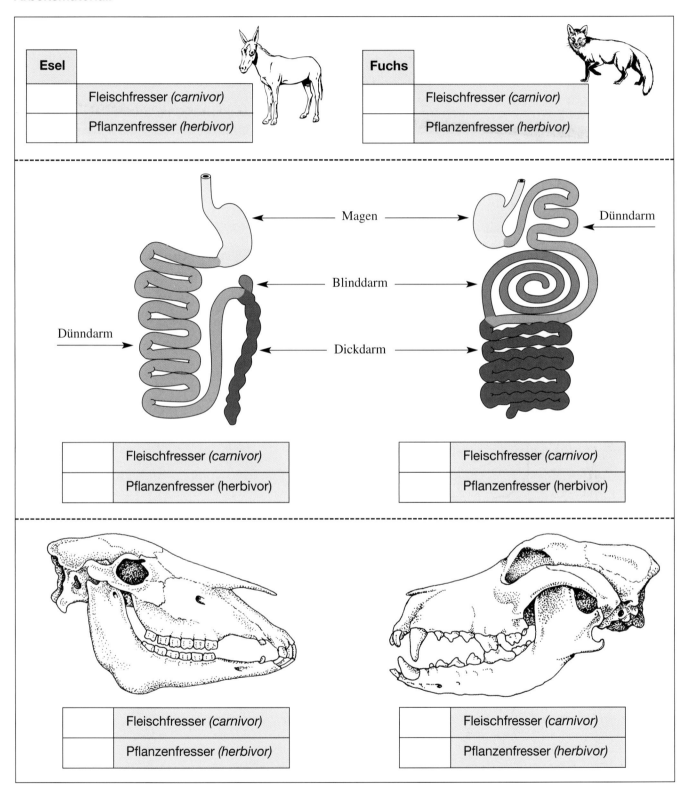

Aufgaben:
a) Kreuze an, ob die Tiere, die Verdauungssysteme und die Schädel (Gebisse) jeweils zu einem Fleischfresser oder einem Pflanzenfresser gehören!
b) Benenne und begründe die Besonderheiten im Verdauungssystem und im Gebiss bei Fleisch- und Pflanzenfressern!
c) Nenne weitere Nahrungsspezialisten!

V. UE: Säugetiere

| V./M 11 | Der Wiederkäuermagen – 1 | Materialgebundene AUFGABE |

Arbeitsmaterial:

Pflanzenfresser haben ein Problem: Sie können einen Großteil ihrer Nahrung aus Gras, Blättern und sonstigem Pflanzenmaterial nicht verwerten, weil sie keine Verdauungsenzyme für den Abbau der Zellulose besitzen. Aus Zellulose bestehen die Zellwände aller pflanzlichen Zellen; ungefähr die Hälfte der aufgenommenen pflanzlichen Nahrung besteht aus Zellulose. Deshalb beherbergen alle Pflanzenfresser in ihrem Magen-Darm-System Bakterien und Einzeller, die das für die Verdauung der Zellulose nötige Enzym besitzen.

Der Weg durch den Magen eines Schafs beginnt für die grob zerkauten und mit Speichel gut durchmischten Pflanzenballen in der Speiseröhre, von der sie in den **Pansen** befördert werden. Dieser erste Magenabschnitt ist beim Schaf gewaltig groß. Hier und im folgenden **Netzmagen** leben die Mikroorganismen unter idealen Bedingungen: Sie werden laufend mit Nahrung und Wasser versorgt und die Temperatur von 37–39 °C ist optimal. Um sich zu ernähren, zersetzen sie die für das Schaf unverdauliche Zellulose zu einem großen Teil. Die Abbauprodukte (Fettsäuren und freigesetzte Vitamine) werden zum Teil schon hier vom Schaf aufgenommen. Aus dem Netzmagen würgt das Schaf die noch unvollständig verdaute Nahrung ins Maul hoch und kaut sie nochmals sorgfältig durch („Wiederkäuer"). So werden die pflanzlichen Fasern weiter zerkleinert und können leichter verdaut werden. Beim zweiten Herunterschlucken gelangen die Pflanzenballen nun in den dritten Magenbereich des Schafs, den **Blättermagen**. Hier wird dem Nahrungsbrei das Wasser entzogen, bevor er in den **Labmagen** gelangt, der dem „normalen" Magen beispielsweise eines Menschen entspricht. Dieser Magenteil produziert Verdauungssäfte, mit denen der Nahrungsbrei samt den darin enthaltenen Bakterien und Einzellern zersetzt wird. Dadurch verwertet das Schaf letztendlich eine Nahrung, die weitaus nährstoff- und vitaminreicher ist als das gefressene Pflanzenmaterial.

Aufgabe:
Im Text wird der Weg der Nahrung durch den Schafsmagen beschrieben. Markiere die Stationen mit verschiedenen Farben!

| V./M 12 | Der Wiederkäuermagen – 2 | Materialgebundene AUFGABE |

Arbeitsmaterial:

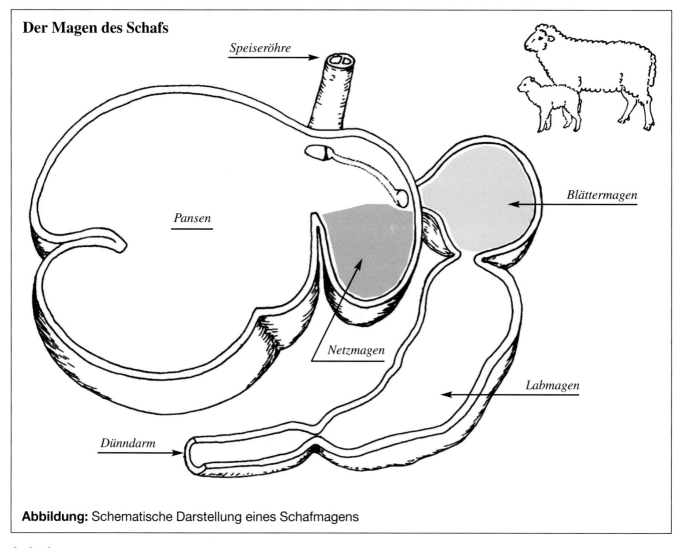

Abbildung: Schematische Darstellung eines Schafmagens

Aufgaben:

a) Zeichne den Weg der Nahrung durch den Schafmagen nach dem ersten Schlucken und nach dem zweiten Schlucken in verschiedenen Farben ein!
b) Wo im Schafmagen …
  1. … wird dem Nahrungsbrei Wasser entzogen?
  2. … befinden sich die Symbionten (Einzeller und Bakterien)?
  3. … werden dem Nahrungsbrei Verdauungsenzyme zugegeben?
c) Warum kauen Schafe ihre Nahrung zweimal?
d) Warum ist der Pansen der größte Teil des Schafmagens?
e) Was würde passieren, wenn Pflanzenfresser keine symbiontischen Mikroorganismen im Magen-Darm-Trakt besäßen?

V. UE: Säugetiere

V./M 13	Nachtgeister	Materialgebundene AUFGABE

Arbeitsmaterial:

Im Herbst fressen sich die Fledermäuse ein Fettpolster an, von dem sie den Winter über zehren können. Die kalte Jahreszeit verbringen die Fledermäuse meist im Winterschlaf in einer Höhle oder zwischen Felsspalten versteckt. Häufig findet man große Ansammlungen von Tieren, die kopfüber von der Decke hängen. Da Fledermäuse heute in ihrem Vorkommen gefährdet sind, verschließen die Behörden die Höhlen, die den Fledermäusen als Winterquartiere dienen, den Winter über mit Gittern. So werden die Fledermäuse nicht in ihrem Winterschlaf gestört. Verschiedene Arten bevorzugen dabei unterschiedliche Stellen in einer Höhle, wie Abbildung 1 zeigt. Aber auch verschiedene Individuen einer Art kann man an unterschiedlichen Stellen in einer Höhle finden.

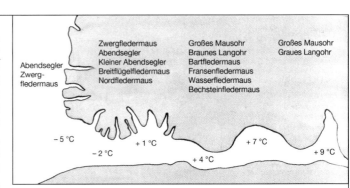

Abb. 1: Aufenthaltsbereiche verschiedener Fledermausarten beim Winterschlaf in einer Höhle

Quelle: Siemers, Björn/ Nill, Dietmar, S. 70

Informationen zum Winterschlaf

Im Winterschlaf senken die Fledermäuse ihren Stoffwechsel stark ab:

- Die Häufigkeit der Herzschläge wird auf fast 1 % des Normalwertes vermindert, von ca. 600 auf ca. 10 Schlägen/Minute.
- Die Häufigkeit der Atemzüge wird extrem verringert, teilweise bis auf einen Atemzug pro Stunde.
- Die Körpertemperatur wird von ca. 40 °C auf 0–10 °C abgesenkt. Sie liegt meist rund 1 °C über der Umgebungstemperatur.

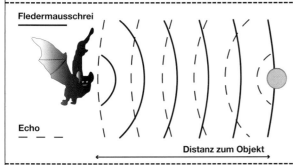

Fledermäuse sind die einzigen Säugetiere, die wirklich fliegen können. Bei Einbruch der Dunkelheit beginnen sie aktiv zu werden und jagen Insekten. Die meisten erbeuten sie im Flug mit geschickten Manövern, wobei einige Arten die Beute mit den Flügeln zum Maul führen. Fledermäuse sehen schlecht, sie können sich aber sehr gut durch Echolot orientieren (Abb. 2). Die ausgesandten Töne liegen im Ultraschallbereich, den der Mensch nicht wahrnehmen kann.

Abb. 2: Prinzip der Echolotorientierung

Der Arm der Fledermäuse zeigt Unterschiede zum menschlichen Arm, die eine Anpassung an das Fliegen sind.

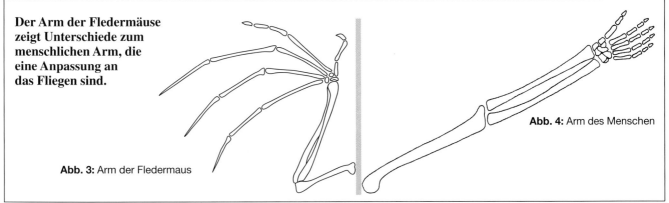

Abb. 3: Arm der Fledermaus

Abb. 4: Arm des Menschen

Aufgaben:

a) Warum verbringen die meisten Fledermäuse bei uns die kalte Jahreszeit im Winterschlaf mit abgesenktem Stoffwechsel?
b) Welche Körpertemperatur haben das Graue Langohr und der Kleine Abendsegler im Winterschlaf nach Abbildung 1 ungefähr?
c) Welche der beiden Arten kommt mit einem geringeren Fettpolster aus?
d) Wovon hängt die Wahl der Überwinterungsstelle in der Höhle ab?
e) Warum bringt die Störung durch den Menschen Fledermäuse im Winterschlaf in Lebensgefahr?
f) Erkläre anhand von Abbildung 2, wie sich Fledermäuse mithilfe des Echolots orientieren!
g) Kennzeichne gleiche Bestandteile der beiden Extremitäten in Abbildung 3 und 4 in gleicher Farbe!
h) Welche Angepasstheiten an das Fliegen zeigt der Fledermausarm?

V. UE: Säugetiere

| V./M 14 | Überleben in der Wüste | Materialgebundene AUFGABE |

Arbeitsmaterial:

„Das ‚Wüstenschiff', ein angepasstes Wundertier

Am Morgen um halb sechs Uhr waren die Kamele schon beladen worden. Ich schwang mich auf den schmalen Rücken meines Reitkamels, nahm vor dem Höcker Platz und stellte die Füße nach Tuaregart auf den Hals. Unverhofft wurde ich nach vorne gekippt ... und gerade noch rechtzeitig vor dem Absturz schwenkte der Hals wie eine Hebebühne hoch. Mit Herzklopfen thronte ich auf dem Rücken, über zwei Meter über dem Boden. Noch war der schummrige Morgen kühl, unter 16 °C. Das änderte sich rasch. Die Sonne erschien. Damit begann für den Menschen das Leiden in der Wüste. Über den Körper rannen Schweißbäche. Ich hatte Durst – quälenden Durst. Allmählich glaubte ich, auf einem Fabelwesen zu hocken, das unaufhaltsam tiefer und tiefer in die höllenheiße Wüste zog.

Die Erlösung kam mit dem ersten Abendwind. Mit steifem Rücken rutschte ich über die Schulter meines Kamels, prallte auf die Füße und fiel neben dem Tier in den Sand. Wie schlecht war der Mensch doch für eine solche Umgebung ausgerüstet, im Gegensatz zum Kamel, das für ein Leben in Sand und Hitze wie geschaffen war!"

verändert nach Cropp, Wolf-Ulrich, S. 150 ff.

Die folgenden Materialien geben Auskunft über einige der Angepasstheiten, die es den Kamelen ermöglichen in Trockenheit und Hitze zu überleben.

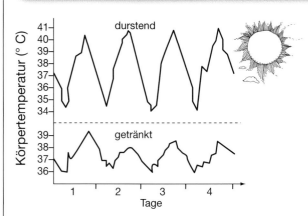

Abb. 1: Körpertemperatur eines Dromedars durstend und regelmäßig getränkt

Vergleich	Dromedar	Mensch
Körpermasse	450 kg	90 kg
Schweißmenge pro Dursttag	2 Liter	5 Liter
Wassergehalt in kg Kot	430 g	660 g
Urinausscheidung pro Tag	0,5 Liter	0,25 Liter

Tab. 1: Vergleich der Wasserabgabe während einer Durstperiode

Abb. 3: Oberflächentemperatur in einer Wüste zur Mittagszeit

Abb. 2: Gewinnung von Wasser im Kamelhöcker
(KOHLENDIOXID Abgabe mit der Atemluft; Fett; Sauerstoff aus der Atemluft; Zellstoffwechsel; Wasser; Wassermenge ~ Fettmenge)

Vergleich	Dromedar	Mensch
Wasserabgabe des Körpers (in % der Körpermasse)	> 30 % (= 135 kg)	12–15 % (= 10,8 kg)
Wasserabgabe aus dem Blut (in % der Gesamtblutmenge)	10 %	20 %

Tab. 2: Extremwerte der Wasserabgabe bis zum Hitzetod

Abb. 2 und Abb. 3 verändert nach Cropp, Wolf-Ulrich, S. 146/154
Abb. 1 und Tab. 1/2 verändert nach Haas, Liane, S. 53

Aufgaben:

a) Formuliere mit eigenen Worten (s. Abb. 2), wie ein Kamel im Höcker Wasser gewinnt!
b) Beschreibe die Unterschiede der Körpertemperaturen eines durstenden und eines getränkten Dromedars (Camelus dromedarius) nach Abbildung 1! Wie kann hier Wasser eingespart werden?
c) Beschreibe den Körperbau eines Dromedars und erläutere anhand von Abbildung 3, wodurch es an heiße Lebensräume angepasst ist!
d) Werte Tabelle 1 aus und erläutere die Angepasstheit des Dromedars an heiße und trockene Lebensräume!
e) Werte Tabelle 2 aus! Welche Besonderheit der Wasserabgabe bewahrt das Dromedar vor einem Tod durch Herzversagen in der Wüste?

V.2.3 Lösungshinweise

V./M 1 — Klasse Säugetiere

a) Alle Säugetiere besitzen *Haare* als abgrenzendes Merkmal gegen die Außengruppe der Reptilien.
b) Säugetiere besitzen, wie der Name schon sagt, Milchdrüsen zum Säugen der Jungen. Außerdem bringen sie lebende Junge zur Welt. Alle anderen Klassen der Wirbeltiere legen Eier.

V./M 2 — Mit Haut und Haaren

a) 1 – Haar, 2 – Oberhaut (Epidermis), 3 – Lederhaut (Dermis), 4 – Haarmuskel, 5 – Drüse (Haarbalgdrüse), 6 – Drüse (Schweißdrüse), 7 – Haarbalg, 8 – Blutgefäß
b) **Frage 1:** 1 – *Milch*drüsen, 2 – *Schweiß*drüsen, 3 – *Duft*drüsen, 4 – *Talg*drüsen
Frage 2: 1 – Kälteschutz, 2 – Sinneswahrnehmung

V./M 3 — Vorfahren

a) Die Eigenschaften (4) Zehengänger, (5) Revierverteidigung, (9) gutes Gehör und (13) Fleischfresser treffen auf Wolf und Wildkatze zu und sind deshalb mit *und* zu verbinden. Alle anderen Merkmale können in beliebiger Kombination verbunden werden. Dabei muss allerdings die Zuordnung zu Wolf oder Wildkatze beachtet werden:
Wolf: (2) länglicher Schädel, (3) nicht einziehbare Krallen, (6) soziale Tiere, (7) Hetzjäger, (15) Geruchstiere, (16) tagaktiv;
Wildkatze: (1) Einzelgänger, (8) kurzer Schädel, (10) Augentiere, (11) Schleichjäger, (12) einziehbare Krallen, (14) nachtaktiv.
b) **Wölfe** haben einen länglichen Schädel und ein gutes Gehör, aber am besten können sie riechen. Ihre Beute jagen sie am Tag in der sozialen Gruppe, indem sie sie bis zur Erschöpfung hetzen. Als Zehengänger erreichen sie dabei eine hohe Geschwindigkeit, dazu brauchen ihre Krallen auch nicht einziehbar sein.
Wildkatzen leben als Einzelgänger, die ein Revier besetzen und verteidigen. Sie sind Fleischfresser, die sich an ihre Beute anschleichen, wobei sie sich durch ihre einziehbaren Krallen lautlos bewegen. In ihrem kurzen Schädel haben sie hochempfindliche Augen; mit diesen können die nachtaktiven Tiere auch in der Dunkelheit sehen.

V./M 4 — Skelett eines Wolfs

a)

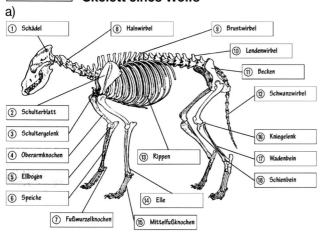

b) Der Wolf berührt den Boden mit den *Zehen*. Er ist ein *Zehengänger*.

V./M 5 — Skelett der Katze

b) Die Eckzähne dienen als Greifzähne zum Fangen und Festhalten der Beute. Sie ermöglichen auch das Töten der Beute durch einen Biss in Nacken oder Kehle. Die Schneidezähne dienen zum Ergreifen der Beute, aber auch zum Ablösen des Fleisches. Mit den (Vor-)Backenzähnen wird das Fleisch vom Kadaver abgetrennt und zerkleinert. Dafür sind die größten hinteren (Vor-)Backenzähne als Reißzähne ausgebildet.
c) Die Hinterextremitäten (Sprungbeine) sind besonders im Oberschenkel und im Mittelfuß länger als die Vorderbeine. Hierdurch wird die Sprungkraft und die Beschleunigung beim Laufen vergrößert.
d) Mit eingezogenen Krallen kann die Katze lautlos laufen und sich an die Beute anschleichen. Ausgefahren dienen sie zum Fangen und Festhalten der Beute.

V./M 6 — Großkatzen der Welt

Die rezente Verbreitung des Löwen ist auf Afrika beschränkt. Lediglich eine Restpopulation des asiatischen Löwen findet sich in Indien. Der Jaguar lebt ausschließlich in Mittel- und Südamerika. Das Vorkommen des Tigers ist auf Asien (Indien, Sibirien) beschränkt. Der Leopard ist hauptsächlich in Afrika, aber auch von Asien bis nach Fernost verbreitet. Hier kommt auch die schwarze Variante des Leoparden, der Panther, vor. Der Gepard lebt in Afrika zusammen mit Leopard und Löwe. Die früher in Vorderasien bis Indien verbreiteten Populationen gelten als ausgestorben.

V./M 7 — Spezialisierungen

a) Bei Zehengängern sind die Mittelfußknochen verlängert, der große Zeh ist reduziert und das Gelenk zwischen Mittelfuß und Zehen, das beim Sohlengang nur zum erleichterten Abrollen dient, ist als zusätzliches vollwertiges Gelenk an die Stelle des Fußgelenks getreten. Bei Zehenspitzengängern sind die ursprünglich 5 Strahlen bis auf 1 (oder 2) reduziert, das Gelenk zwischen Zeh und Mittelfußknochen ist ebenfalls ausgebildet. Der Mittelfußknochen ist stark verlängert und verdickt.
b) Durch die Verlängerung des Mittelfußes nimmt die Beinlänge zu. Von der Länge der Extremitäten hängt die Schrittlänge ab. Durch eine Vergrößerung der Schritte wird eine höhere Laufgeschwindigkeit erreicht. Gleichzeitig wird die am Boden aufliegende Fläche verkleinert. Dies verringert die Reibung beim Abrollen bzw. Abstoßen vom Boden. Durch das zusätzliche Gelenk kann mehr Kraft auf die Beschleunigung gebracht werden. Während beim Sohlengänger das Kniegelenk den Abstoß für den Körper leistet, sind es bei Zehen- und Zehenspitzengängern Fuß- und Kniegelenk.
c) *Tatze, Pfote, Huf*

V./M 8 — Gangarten

a) Im **Schritt** setzt ein Pferd die Beine nacheinander über Kreuz nach vorne. Im unteren Schema ist die rechte Vorderhand angehoben und wird nach vorne geführt. Im folgenden Schema hat die rechte Vorderhand aufgesetzt und die linke Hinterhand ist von Boden abgehoben und wird nach vorn verlagert. Als nächstes würden die linke Vorderhand und dann die rechte Hinterhand folgen. Drei Beine berühren immer den Boden. Im **Trab** heben eine Vorderhand und eine Hinterhand gleichzeitig diagonal vom Boden ab (über Kreuz) und werden nach vorne geführt. Im unteren Schema ist die linke Hinterhand aufgesetzt, die rechte Vorderhand berührt ebenfalls noch den Boden, steht aber kurz vor dem Abheben. Die rechte Hinterhand wird nach vorne gebracht und wird an der gekennzeichneten Stelle aufsetzen, ebenso verhält es sich mit der linken Vorderhand. Im Schema darüber hat die rechte Hinterhand aufgesetzt, ebenso die linke Vorderhand. Die rechte Vorderhand ist wie die linke Hinterhand abgehoben und wird nach vorne verlagert. Das Schema zum **Galopp** zeigt, dass sich das Tier mit den Hinterbeinen abstößt, während sich die Vorderbeine bereits vom Boden abgehoben haben. In der nächsten Phase wird der Körper zunächst mit der linken Vorderhand und dann mit der rechten abgefangen. Anschließend werden die Hinterläufe wieder aufsetzen und der Körper erneut nach vorne schnellen.

b) Die Verwandtschaft von Schritt und Trab ergibt sich aus der gleichen Koordination der Beine (Kreuzgang). Im Galopp stoßen beide Hinterbeine den Körper gleichzeitig ab und die Vorderbeine fangen ihn nacheinander ab.

c) A – *Trab,* B – *Galopp,* C – *Schritt*

d) Im Galopp drückt ein Tier seinen Körper mit beiden Hinterextremitäten vom Boden ab und befindet sich eine Zeit lang frei in der Luft. Anschließend wird der Körper in einem Schritt abgefangen. Dies alles zeichnet auch den Sprung aus. Bei kleinen Tieren wie der Thomsongazelle, die aufgrund ihres geringen Gewichts weit vom Boden abheben können, ist offensichtlich kein Unterschied zu erkennen. *(Diese Feststellung gilt nicht für das Pferd.)*

e) Im Kreuzgang werden die Beine nacheinander folgend diagonal (= über Kreuz) vom Boden abgehoben. Beim Passgang hebt ein Tier die beiden Beine einer Seite gleichzeitig ab. Im Passgang bewegen sich u. a. die Kamele (Dromedar).

V./M 9 Gehen mit Händen

a) Im Knöchelgang läuft ein Schimpanse auf allen vier Gliedmaßen. In der Abfolge sind Arme und Beine über Kreuz koordiniert: Links vorne, rechts hinten und rechts vorne, links hinten. Die Hände werden bei Bodenberührung vor dem zweiten Fingerglied eingeknickt und der Körper so abgestützt. Nach dem Abheben vom Boden schwingt die Hand aus, bevor sie wieder aufsetzt. Insgesamt entspricht diese Fortbewegung dem Vierbeinergang anderer Tiere.

b) Anfangs hängt der Gibbon an beiden Armen. Er lässt rechts los, führt die rechte Hand nach unten und dann nach oben, um sich wieder festzuhalten usw. Während dieser Bewegung wird der Körper einmal nach links gedreht und die Beine werden angewinkelt. Auch der Mensch setzt beim Gehen ein Bein nach dem anderen auf und die Schrittlänge hängt von der Länge der Extremitäten ab. Insofern besteht eine Ähnlichkeit zwischen Schwinghangeln und Aufrechtgang. Allerdings wird der Körper beim Gehen nicht gedreht und die Arme unterstützen die Fortbewegung kreuzkoordiniert schwingend.

c) Für den Schimpansen ergibt die Berechnung einen Wert von ca. 90 %, d. h. die Unterarmlänge beträgt rd. 90 % der Länge des Oberarms. Beim Knöchelgeher Schimpanse ist der Unterarm also *kürzer* als der Oberarm. Beim schwinghangelnden Gibbon ist der Unterarm *länger* als der Oberarm, was der zu errechnende Wert von 110 % belegt. Bei Schwinghanglern sind außerdem die Finger (und damit die Hand) verlängert und der Daumen stark zurück verlagert.

d) Der Wert von 80 % für den Gorilla deutet auf Fortbewegung im Knöchelgang hin. Er ist somit unter *B* einzuordnen. Den Orang-Utan weist der verlängerte Unterarm (120 % des Oberarms) als Schwinghangler aus, der also unter *A* einzutragen ist.

e) Die Zuordnung in d) bestimmt den Gorilla als afrikanischen Menschenaffen, der hauptsächlich am Boden lebt. Ebenfalls in Afrika leben die Schimpansen, die sich aufgrund ihrer Nahrungsstrategie (Früchtefresser) auch häufig am Boden aufhalten und ihres geringeren Gewichts wegen aber auch in Bäumen klettern. *Bodenlebend* und *Knöchelgang* wären also die gemeinsamen Merkmale der afrikanischen Menschenaffen. Andererseits leben die beiden asiatischen Menschenaffen in den oberen Stockwerken des tropischen Regenwaldes, sie sind also *baumlebend* und bewegen sich *schwinghangelnd*.

V./M 10 Nahrungsspezialisten

a) **Esel:** *Pflanzen*fresser; **Fuchs:** *Fleisch*fresser
Verdauungssysteme: *links* Fleischfresser,
rechts Pflanzenfresser
Schädel: *links* Pflanzenfresser, *rechts* Fleischfresser

b) **Pflanzenfressergebiss:** flächige Schneidezähne (zum Abreißen von Pflanzen), schwach ausgeprägte Eckzähne in einer Reihe mit Schneidezähnen (zum Abreißen von Pflanzen), Zahnlücke zwischen Eckzähnen und Backenzähnen, Backenzähne und Mahlzähne gleich ausgebildet mit horizontaler Fläche (zum Zermahlen der Pflanzennahrung).
Fleischfressergebiss: kleine spitze Schneidezähne, stark ausgeprägte, spitze Eckzähne (beides zum Beißen, d. h. Ergreifen und Festhalten der Beute sowie zum Abbeißen von Fleischteilen), stärker ausgeprägter und spitz zulaufender 1. Backenzahn (Reißzahn) (zum Herausreißen von Fleischstücken), Mahlzähne mit Höckern (zum Kauen von Fleisch und Zerbeißen von Knochen).

c) Insektenfresser, Ameisenbär o. Ä.

V./M 11 Der Wiederkäuermagen – 1

Der Weg der Nahrung durch die Mägen des Schafs gliedert sich in *vier* Abschnitte:
1. Der Weg durch den Magen … *(bis)* … hier vom Schaf aufgenommen. 2. Aus dem Netzmagen … *(bis)* … leichter verdaut werden können. 3. Beim zweiten Herunterschlucken … *(bis)* … Nahrungsbrei das Wasser entzogen, … 4. … bevor er in den Labmagen … *(bis Ende)*.
Markierung vgl. Abbildung.

V. UE: Säugetiere

V./M 12 Der Wiederkäuermagen – 2

a)

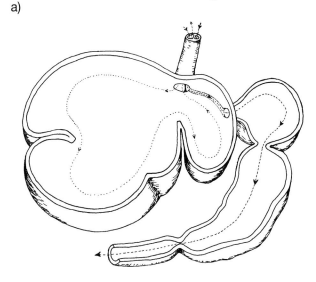

b) 1. Blättermagen; 2. Pansen, Netzmagen („Blättermagen'); 3. Labmagen

c) Durch zweimaliges Kauen wird die pflanzliche Nahrung (meist Gras) stärker zerkleinert, damit mehr davon durch die Einzeller und Bakterien abgebaut werden kann.

d) Der Pansen ist so groß, um möglichst viel pflanzliche Nahrung aufzunehmen und diese von möglichst vielen Symbionten verarbeiten zu lassen. Der Vorgang dauert einige Zeit, sodass nur bei großem Nahrungsvorrat immer etwas zur weiteren Verdauung und damit zur Ernährung vorhanden ist.

e) Ohne Mikroorganismen im Magen-Darm-Trakt könnte die pflanzliche Nahrung zum großen Teil nicht verdaut werden. Ein Wiederkäuer könnte nicht genug Nährstoffe aufnehmen und würde verhungern. Auch die Vitaminzufuhr durch Zersetzung der Mikroorganismen fiele weg.

V./M 13 Nachtgeister

a) Der Winterschlaf dient dazu, den Winter ohne Beutefangmöglichkeit zu überleben. Nur mit abgesenkter Körpertemperatur reichen die angefressenen Fettreserven über den langen Zeitraum.

b) Die Körpertemperatur im Winterschlaf beträgt für das *Graue Langohr* ungefähr 10 °C. Beim *Kleinen Abendsegler* liegt sie um den Gefrierpunkt.

c) Da der *Kleine Abendsegler* seine Körpertemperatur tiefer absenkt, ist der Stoffwechsel stärker reduziert. Der *Kleine Abendsegler* verbraucht weniger Energie als das *Graue Langohr* bei 10 °C-Körpertemperatur, kommt also mit einem geringeren Fettpolster aus.

d) Die Wahl der Überwinterungsstelle in der Höhle hängt von der Größe der Tiere und den angefressenen Fettreserven ab. Arten, aber auch einzelne Individuen suchen dementsprechend ihren Überwinterungsplatz.

e) Der Aufwachvorgang ist sehr energieaufwändig. Störungen führen zu einem starken Verbrauch der Fettreserven und verkürzen die mögliche Winterschlafzeit. Wacht eine Fledermaus im Frühjahr zu früh auf, weil ihre Reserven verbraucht sind, ist es noch zu kalt und sie findet keine Beute vor: Sie muss verhungern.

f) Fledermäuse senden über Mund oder Nase Laute im Ultraschall-Bereich aus, die von Objekten ihrer Umwelt (z. B. Beutetieren) reflektiert werden. Diese Echowellen nimmt die Fledermaus wieder auf und bezieht daraus Informationen.

g) Die Bestandteile *Unterarm, Oberarm, Hand (evtl. Handwurzel, Mittelhand, Finger)* sollten durch die gleiche Farbwahl homologisiert werden.

h) Die größten Unterschiede zwischen Menschen- und Fledermausarm findet man bei der Ausprägung der Hand. Hier sind die Finger (und Mittelhandknochen) bei der Fledermaus stark verlängert, sodass zwischen ihnen Flughäute gespannt werden können.

V./M 14 Überleben in der Wüste

a) Zur Wassergewinnung im Kamelhöcker wird das dort vorhandene Fett unter Verbrauch von Sauerstoff im Zellstoffwechsel verarbeitet. Dabei entsteht Wasser und Kohlendioxid, das im Blut zur Lunge transportiert und mit der Atemluft abgegeben wird.

b) Die Körpertemperatur eines Dromedars schwankt im Laufe eines Tages und erreicht nachmittags ihren höchsten Wert. Bei einem regelmäßig getränkten Tier liegen diese Schwankungen zwischen maximal 36 und 39 °C. Bei einem durstenden Dromedar sind die Schwankungen der Körpertemperatur deutlich größer, Minimum und Maximum liegen bei rd. 35 bzw. 40 °C. Ein Dromedar besitzt tagsüber eine Höchsttemperatur von über 40 °C. Dadurch ist der Unterschied zur Umgebungstemperatur in der heißen (aber auch in der kühlen) Tageszeit geringer und Maßnahmen zur Regulation der Körpertemperatur (wie die Schweißabgabe) werden weniger notwendig. So spart es Wasser.

c) Das Dromedar hat lange Beine, die den Körper zwischen 1 und 2 Meter über den Boden heben. In dieser Höhe liegt die Temperatur zwischen 50 und 40 °C, am Boden herrschen 75 °C. Der Kopf ist noch etwas weiter erhoben und damit in einer noch kühleren Zone. Zusätzlich ist der Körper des Dromedars seitlich stark abgeflacht, was die Sonneneinstrahlung verringert.

d) Dromedare geben deutlich weniger Schweiß ab als Menschen. Auch der Wassergehalt im Kot liegt nur bei 2/3 des menschlichen Wertes. Allein die Urinausscheidung ist doppelt so hoch. Doch ist hierbei zu berücksichtigen, dass Dromedare fünfmal so viel Körpermasse besitzen wie Menschen. Also ist auch die Wasserausscheidung im Urin gering. Mit diesem Vergleich wird deutlich, dass Dromedare viel weniger Wasser als Menschen ausscheiden und somit an trockene und heiße Lebensräume angepasst sind.

e) Ein Dromedar kann einen deutlich höheren Wasserverlust ertragen als der Mensch (30 % zu 12–15 %). Dies liegt daran, dass beim Menschen in einer Hitze-Extremsituation 20 % des Wassers im Blut abgegeben werden, was das Blut zähflüssiger macht, sodass die Körperwärme nur unzureichend abgeführt werden kann und es zu einem Hitzschlag kommt. Dromedare geben nur maximal 10 % des im Blut gespeicherten Wassers ab. So bleibt das Blut auch in einer solchen Extremsituation ausreichend fließfähig.

V.3 Medieninformationen
V.3.1 Audiovisuelle Medien

VHS-Video 4252356: Im Wald der Berggorillas, 27 Min., 1995
Im Virunga-Nationalpark und im angrenzenden Vulkan-Nationalpark leben derzeit 620 Berggorillas in Verbänden von rund 40 Tieren. Es gibt Wärter, die die Tiere bewachen sollen. Dennoch ist ihr Lebensraum bedroht, weil der Bambus verbotenerweise immer noch abgeholzt wird. Obwohl es ein absolutes Tötungsverbot für Gorillas gibt, kommen immer wieder Tiere um, weil sie qualvoll in Fallen verenden, die von Wilderern für Antilopen ausgelegt werden.

DVD 4641141: Fledermäuse – Unsere letzten Arten müssen geschützt werden, 14 Min., f, 2006
Vom Aussterben bedroht. Am Beispiel eines Abendseglers stellt der Film Aussehen und Körperbau von Fledermäusen vor. Eine Trickdarstellung veranschaulicht ihre Orientierung durch Echopeilung.
Fledermausschutz: Fledermäuse brauchen bestimmte Lebensräume – im Sommer ungestörte Schlafplätze und Jagdreviere, in der kalten Jahreszeit geeignete Quartiere zum Überwintern. Beispiele: Fledermäuse haben bei uns nur dann eine Überlebenschance, wenn wir ihnen helfen.

FWU-VHS-Video 4201538: Die Fledermaus, 16 Min., f, 1993
Alle heimischen Fledermausarten sind gefährdet, einige sind ausgestorben. Obwohl seit 1936 streng geschützt, gehen die Bestände radikal zurück. Der Film gibt einen Einblick in die Biologie dieser interessanten Tiere und zeigt die Ursachen ihrer Bedrohung.

VHS-Video 4255606: Fledermäuse, 14 Min., f, 1990
Fledermäuse sind bei uns vom Aussterben bedroht. Am Beispiel eines Abendseglers stellt der Film Aussehen und Körperbau von Fledermäusen vor. Eine Trickdarstellung veranschaulicht ihre Orientierung durch Echopeilung. Im Mittelpunkt steht jedoch der Fledermausschutz. Fledermäuse brauchen bestimmte Lebensräume, im Sommer ungestörte Schlafplätze und Jagdreviere, in der kalten Jahreszeit geeignete Quartiere zum Überwintern. An verschiedenen Beispielen werden Überlebenschancen für die Fledermaus gezeigt.

FWU-VHS-Video 4210528 und **DVD 4610528:** Jane Goodall und die Schimpansen, 25 Min., 2005
Mehr als 40 Jahre lang beobachtete und studierte Jane Goodall das Verhalten von wild lebenden Schimpansen. Heute ist sie vor allem als Umwelt- und Tierschützerin aktiv; der Schutz der letzten noch wild lebenden Schimpansen liegt ihr dabei ganz besonders am Herzen. Der Film dokumentiert das Leben dieser faszinierenden Forscherin und Tierschützerin. Mit beeindruckenden Bildern werden auch wichtige Forschungsergebnisse, wie z. B. der Werkzeuggebrauch und verschiedene Aspekte des Sozialverhaltens von Schimpansen, vorgestellt.

VHS-Video 4256677: Gorillas, 15 Min., f, 2002
Der Film zeigt Gorillas in ihren natürlichen und faszinierenden Lebensräumen, den Urwäldern Afrikas; dabei unterscheidet er zwischen Berg- und Flachlandgorillas. Die Berggorillas – sie stehen im Mittelpunkt des Films – findet man nur noch in zwei Nationalparks in den Vulkanbergen zwischen Uganda und Ruanda. Aber auch diese Rückzugsgebiete werden zunehmend von dort lebenden Menschen genutzt und zerstört. Umweltschützer versuchen inzwischen durch eine Form von „Ökotourismus" die Nationalparks zu erhalten und den darin lebenden Gorillas eine Überlebenschance zu geben.

VHS-Video 4202104: Die Wildkatze, 15 Min., 1996
Zunächst wird der Lebensbereich der europäischen Wildkatze gezeigt. Es folgen Verhaltensweisen wie Anschleichen, Beuteschlagen, Betreuung der Jungen mit Nackengriff und das Erlernen des Umgangs mit lebender Beute. Fuchs und Bussard werden als Nahrungskonkurrenten vorgestellt.

FWU-VHS-Video 4210368: Die Hauskatze, 15 Min., f, 1996
Anschleichen, regungslos verharren in gespannter Haltung und schließlich der überraschende Beutesprung. Mit den „ausgefahrenen" Krallen hält die Katze die Beute fest, um sie dann mit einem Genickbiss zu töten. Neben dieser besonderen Jagdtechnik sind die Leistungen der Sinnesorgane sowie die Fortpflanzung der Katze weitere Themen dieses Films.

FWU-VHS-Video 4202134: Hund und Katze, 30 Min., f, 1996
Kann ein Hundehalter auch die „Sprache" einer Katze verstehen? Nicht unbedingt, denn die unterschiedlichen Lebensweisen der Tiere im Rudel bzw. als „Single" schlagen sich auch in ihren Körpersignalen nieder. Der Film zeigt die wichtigsten Verhaltensweisen von Hund und Katze, insbesondere das Fortpflanzungs- und Brutpflegeverhalten und geht immer wieder auf die Stammväter der Tiere, vor allem den Wolf als Vorfahre des Haushundes, ein.

VHS-Video 4258354: Hund und Katze, 14 Min., f, 2005
Hund und Katze gehören zu den beliebtesten Haustieren; sie spielen im Leben vieler Menschen eine wichtige Rolle. Intelligent sind beide Tiere, wenn auch auf unterschiedliche Weise. Durch mehrere Versuche macht der Unterrichtsfilm deutlich, worin diese Unterschiede bestehen: Hunde leben in einem sehr engen Kontakt zum Menschen und verlassen sich in vielen Bereichen auf seine Anweisungen. Katzen dagegen sind viel eigenständiger, können bestimmte Situationen auch alleine bewältigen, sind aber nicht in der Lage, eine so enge Verbindung mit dem Menschen einzugehen. Beobachtungen aus dem Alltag machen auf die unterschiedlichen Bedürfnisse von Hund und Katze aufmerksam und geben Hinweise, was der Mensch vor der Anschaffung eines dieser beiden Haustiere berücksichtigen sollte.

FWU-VHS-Video 4202989: Die Kamele aus dem Morgenland, 25 Min., f, 2005
Kamel oder Dromedar? – Egal, auf alle Fälle ein wahrer Lebenskünstler, hervorragend angepasst an die kargen Lebensbedingungen der Wüste. Kamele können nicht nur bis zu drei Wochen ohne Wasser auskommen, sondern obendrein auch noch sehr schnell rennen. Jedenfalls könnten die Beduinen ohne diese Paarhufer in der

V. UE: Säugetiere

Wüste kaum überleben. Wie war das noch mit dem Ausspruch von Jesus? „Eher geht ein Kamel durch ein Nadelöhr als ..." Felix erklärt uns, wie dieses Zitat zustande gekommen sein könnte.

DVD 4640484: Orang-Utan – der „Waldmensch", 15 Min., f, 2004
Eindrucksvolle Nahaufnahmen zeigen den Orang-Utan in seinem natürlichen Lebensraum im Tropischen Regenwald Asiens. Orang-Utans sind heute die größten auf Bäumen lebenden Affen; Körperbau und Fortbewegungsarten werden vorgestellt. Nahrungssuche, Fortpflanzung und das Leben in der Mutterfamilie verdeutlichen sowohl Ähnlichkeiten wie auch Unterschiede zwischen Mensch und Menschenaffen. Der Film weist auf die Gefährdung des Orang-Utans durch die Vernichtung seines angestammten Lebensraums hin.

FWU-VHS-Video 4210261: Das Pferd, 14 Min., f, 1993
Unsere heutigen Pferde stammen von ausgestorbenen Wildpferden ab, die herdenweise in Steppen lebten. Im Zusammenhang mit der Diareihe 1003172 und dem Video 4201616 gibt der Film einen nahezu vollständigen Überblick über die Biologie des Pferdes.

FWU-VHS-Video 4201616: Pferderassen, 20 Min., f, 1993
Entsprechend den verschiedenen Anforderungen an das Pferd als Nutztier hat der Mensch bestimmte Pferderassen gezüchtet. Die in diesem Video enthaltenen sechs Kurzfilme zeigen die Merkmale und die Eigenschaften unterschiedlicher Pferderassen. Dazu gehören Wildpferde ebenso wie Kalt- und Warmblüter, Vollblüter und Haflinger.

DVD 4642551 und **Online-DVD/Mediensammlung 5552218:** Evolution – Primaten, 33 Min., f, D 2008
Von den heute noch lebenden Säugetieren besitzen die Primaten den ältesten Stammbaum. Der Film zeigt an Hand von rezenten Tierarten aus der Ordnung der Primaten die phylogenetischen Entwicklungstendenzen vom Spitzhörnchen über die Halbaffen, Affen und Menschenaffen bis zur Gattung Homo. Hierbei wird besonderen Wert auf die sichtbaren äußeren Merkmale des Schädels und seiner Sinnesorgane, die Veränderungen in der Stellung der Wirbelsäule sowie der Entwicklung der Extremitäten und deren Anpassung an verschiedene Lebensräume gelegt.
Die anatomischen Veränderungen des Schädels, die Entwicklung der Augenhöhle sowie die „Wanderung" der Augen aus der Seit- in die Frontalstellung, das Zahnschema, die Kieferentwicklung und das sich verändernde Verhältnis von Schnauzen- und Gehirnschädel werden an originalen Schädeln gezeigt.
Der Film ist in folgende Sequenzen gegliedert, die einzeln abrufbar sind:
1. *Was sind Primaten? (4:06 Min.):*
   Gemeinsame Merkmale der Primaten (0:54 Min.);
   Systematische Gesamtübersicht (0:58 Min.);
   Unterordnung Halbaffen/Feuchtnasenaffen (0:48 Min.);
   Unterordnung Affen/Trockennasenaffen (1:19 Min.)
2. *Indizien der Primatenevolution (8:55 Min.):*
   Die Kontinentalverschiebung (1:30 Min.);
   Spitzhörnchen – Tupaia (3:02 Min.);
   Primatenmerkmale der Halbaffen (2:43 Min.);
   Der Koboldmaki (1:34 Min.)
3. *Affen (5:16 Min.):*
   Die Neuweltaffen (2:30 Min.);
   Die Altweltaffen (2:41 Min.)
4. *Menschenaffen (12:35 Min.):*
   Kleine Menschenaffen – Gibbons (2:10 Min.);
   Große Menschenaffen (6:46 Min.);
   Mensch und Menschenaffe (3:33 Min.)

Extras der DVD: *Kapitelanwahl, Lösungsvorschläge, Bildungsstandards, Lehrplanbezug, Mediendidaktik, Menüstruktur, Sprechertexte, Arbeitsmaterialien für Schüler (Arbeitsblätter, Interaktive Arbeitsblätter, Testaufgaben, Farbfolien, Bildmaterial, Ergänzendes Material, Links und Hinweise, Glossar)*

DVD 4602290: Raubtiere, 83 Min., f, 2004
Von Braunbär und Dachs, über Fuchs, Marder und Seehund, bis zu Wildkatze und Wolf gibt die DVD Einblick in das vielschichtige Leben der Raubtiere Europas. Durch Filme, Bilder, Grafiken und darauf abgestimmte Arbeitsblätter kann die Artenkenntnis erweitert, das Verhalten studiert, das Wissen von Körperbau vertieft und Gemeinsamkeiten sowie Unterschiede erarbeitet werden. Die Zusammenhänge von Gefährdung und Schutz regen zur Eigenarbeit an. Eine DVD, die Lehrer und Schüler über viele Unterrichtsstunden begleiten wird.

FWU-VHS-Video 4210367: Überleben in der Wüste – Tiere in Hitze und Trockenheit, 15 Min., f, 1996
Selbst die scheinbar unwirtlichsten Lebensräume werden von Tieren besiedelt. Dies wird aufgrund spezieller Anpassungen möglich. Am Beispiel des Dromedars und einiger weiterer, sehr unterschiedlicher Arten wird verständlich, wie sich Umweltfaktoren und Körperbau bzw. Verhalten gegenseitig bedingen.

FWU-VHS-Video 4202135: Das Verdauungssystem des Hausrindes, 16 Min., 1997
4 Kurzfilme. Alle Tiere, die sich vegetarisch ernähren, haben das gleiche Problem: Ihr Organismus kann die Pflanzenzellwände nicht aufschließen. Bei Rindern hat sich eine effektive Lösung entwickelt: Ein mehrkammriges Verdauungssystem. Mithilfe von Real- und Trickaufnahmen erklärt das Video den Bau des Verdauungssystems und die in jedem Abschnitt laufenden Vorgänge.

DVD 4641495 und **Online-DVD/Mediensammlung 5550649:** Wirbeltiere – Entdeckung und Vielfalt, 25 Min., f, 2006
Die stammesgeschichtliche Entwicklung, die in den Meeren der Urzeit begann, wird durch Aufzeigen homologer Skelettstrukturen deutlich. Die Variationen des Grundbauplanes in Anpassung an die jeweiligen Lebensbedürfnisse, die dazu führten, dass die Vertreter der Wirbeltiere heute die Gewässer, das Land und die Luft bevölkern, werden an Hand heute lebender Vertreter aufgezeigt. Zur Gruppe der Wirbeltiere gehören heute die Knorpel- und Knochenfische, Amphibien, Reptilien, Vögel und die Säugetiere. Die Umbauten der Skelettelemente, die der Fortbewegung dienen, von den Flossen der Fische bis zur Armschwinge der Vögel und der Handschwinge der Säugetiere werden gezeigt. (In der englisch- wie auch türkischsprachigen Version sind Graphiken, Animationen etc. nur in Deutsch beschriftet.)
Der Film ist in folgende Sequenzen gegliedert, die einzeln abrufbar sind:

1. *Vielfalt und Ursprung (2:44 Min.):*
 Vielfalt der Wirbeltiere (1:05 Min.);
 Vorfahren der Wirbeltiere (1:04 Min.);
 Stammbaum (2:28 Min.)
2. *Skelett und Bewegungsapparat (9:22 Min.):*
 Fische (1:44 Min.);
 Amphibien (1:20 Min.);
 Reptilien (2:27 Min.);
 Vögel (1:31 Min.);
 Säugetiere (2:12 Min.)
3. *Ernährung und Atmung (7:19 Min.):*
 Fische (1:44 Min.);
 Amphibien (0:55 Min.);
 Reptilien (1:18 Min.);
 Vögel (1:25 Min.);
 Säugetiere (1:49 Min.)
4. *Körperoberfläche (5:29 Min.):*
 Fische (0:45 Min.);
 Amphibien (0:28 Min.);
 Reptilien (0:58 Min.);
 Vögel (1:45 Min.);
 Säugetiere (1:25 Min.)

FWU-VHS-Video 4202819: Wölfe, 20 Min., f, 2003
Der Wolf durchzieht die Märchen und Mythen vieler Völker. Galt er den Europäern als gefährliches Monster, so war er für die Indianer Nordamerikas gleichwertiger Jäger oder gar Urahn. Erst in jüngerer Vergangenheit wurde ein objektiveres Bild des Wolfes allgemein bekannt. Der facettenreiche und sehr ansprechende Film zeigt den Wolf als soziales Rudeltier mit klarer Körpersprache und strikter Hierarchie sowie die Entwicklung der Jungen und die Hetzjagd.

VHS-Video 4251048: Wolf und Hund, 17 Min., f,
In Realszenen beschreibt der Film das Wolfsrudel als geordnete Gruppe, in der vielfältige Signale und Verhaltensweisen Kommunikation unter den Rudelmitgliedern ermöglichen. Er vermittelt Einsichten in: – Rangordnung innerhalb des Rudels – Revierverteidigung – Veränderungen durch Domestikation und Züchtung.

IV.3.2 Zeitschriften
a) didaktisch

Brauner, Klaus: Bakterien helfen der Verdauung, in: UB Nr. 278, 2002, S. 17–20
Der größte Teil ihrer Nahrung wäre für Wiederkäuer nicht verwertbar, wenn ihnen nicht symbiontische Einzeller (vor allem Bakterien) bei der Verdauung helfen würden: Die Mikroorganismen vergären Zellulose und setzen Vitamine frei. SuS erfahren, was in den Mägen von Wiederkäuern geschieht. Sie erfahren, dass und wie sich andere Pflanzenfresser der kleinen Verdauungshelfer bedienen. Dass auch im Darm des Menschen Bakterien beim Abbau hartnäckiger Pflanzenfasern helfen, wirft ein ungewohntes Licht auf den Einsatz von Antibiotika.

Brauner, Klaus: Kamele – Spezialisten für Wüsten, Steppen und Hochgebirge, in: UB Nr. 266, 2001, S. 21–25
Kamele gibt es nicht nur in der Sahara: Typisch für heiße und trockene Sandwüsten ist das einhöckerige Dromedar. Das zweihöckerige Trampeltier kommt überwiegend in Asien vor und verträgt gleichermaßen Hitze und Kälte. Höckerlos sind die Guanakos und Vikunjas, die in den Anden leben. Ausgehend vom Werbe-Camel erfahren die SuS, wie „echte" Kamele aussehen und leben. Besonders herausgestellt werden die Wasserspar-Tricks der Dromedare.

Brauner, Klaus: Zootieren auf die Füße geschaut, in: UB Nr. 265, 2001, S. 20–24
Zwischen dem Medium, auf oder in dem sich ein Lebewesen fortbewegt, und der Ausbildung seiner Füße, Pfoten oder Flossen besteht ein enger Zusammenhang. Auch wenn im Zoo der natürliche Lebensraum einer Art nur bedingt nachgestaltet werden kann, lassen sich aus der Beobachtung der Tiere und ihrer Umgebung Struktur-Funktions-Verschränkungen ableiten. Die Erkenntnisse werden spielerisch mit einem Memory gefestigt, bei dem Fußabbildungen den Fotos der zugehörigen Arten zugeordnet werden müssen.

Christian, A.: Funktionsmorphologie – der Stütz- und Bewegungsapparat der Tetrapoden, in: PdN-BioS Nr. 1, 2001, S. 1–8
Die Körper von Amphibien, Reptilien, Vögeln und Säugetieren werden durch ganz ähnlich aufgebaute Systeme aus Knochen, Knorpel, Muskeln, Sehnen und Bänder gestützt und bewegt. Es werden Grundprinzipien des Zusammenspiels dieser Elemente erläutert und an Beispielen illustriert. Am Beispiel von Tieren, die sich auf zwei oder vier Beinen schreitend, rennend, hüpfend oder springend über den Untergrund bewegen, werden biophysikalische Zusammenhänge zwischen der Ausbildung von mechanischen Strukturen des Körpers und ihre Funktionen aufgezeigt.

Dahm, Martina: „Geschmückte Haut", in: UB Nr. 250, 1999, S. 22–26, 31
Tattoos, Stahlringe und in die Haut gebrannte Motive waren früher überwiegend Seefahrern vorbehalten. Heute ist diese Art des Körperschmucks ein schichtenübergreifendes Phänomen der Jugendkultur. Die lebenslange Haltbarkeit der modischen Zierde machen sich jedoch viele nicht rechtzeitig bewusst. In Gruppen erarbeiten die SuS Ursprünge und mögliche gesundheitliche Risiken der verschiedenen Applikationspraktiken und verschönern schließlich ihre Haut mit vergänglichen Motiven.

Dohmen, K. (Hrsg.): Haut, in: PdN-BioS Nr. 1, 1994
Das Heft enthält Unterrichtsreihen zum Aufbau, zu Karzinomen, Mykosen, bakteriellen Infektionen, Akne und Viruserkrankungen der Haut.

Haas, Liane: Angepasstheit an Trockenheit und Hitze, in: UB Nr. 266, 2001. S. 53–53 (Aufgabe pur)
Lebewesen werden in einer Wüste vor allem mit zwei Problemen konfrontiert: hohen Umgebungstemperaturen und Wassermangel. Die SuS erarbeiten anhand verschiedener Daten, in welcher Weise Wüstentiere an die extremen Bedingungen in ihrem Lebensraum angepasst sind.

Hassfurther, Joachim/Rautenberg, Elisabeth: Gorilla und Orang-Utan leben in verschiedenen Etagen des Regenwaldes, in: UB Nr. 103, 1985, S. 37–41
Der Regenwald ist der Lebensraum von Gorilla und von Orang-Utan. Seine Gefährdung bedroht auch ihre Exis-

tenz. Während sich Orang-Utans als Hangelkletterer vorwiegend auf den Bäumen aufhalten, bewegen sich Gorillas hauptsächlich auf dem Boden. SuS beobachten beide Tierarten im Zoo und leiten daraus Vermutungen über ihre Lebensweise in ihrem natürlichen Lebensraum ab.

Hedewig, Roland: Die Haut – ein vielseitiges Organ, in: UB Nr. 142, 1989, S. 4–13 *(Basisartikel)*
Die Haut grenzt Menschen und Tiere gegenüber ihrer Umwelt ab. Sie schützt die Organismen und dient zugleich dem Stoff- und Informationsaustausch. Der Basisartikel beschreibt Aufbau, Funktion und Funktionsweisen der menschlichen Haut sowie mögliche Schädigungen, Erkrankungen und Pflegemaßnahmen. Ein Kapitel ist den Besonderheiten der Haut von Tieren gewidmet.

Hedewig, Roland/Eschenhagen, Dieter: Wir untersuchen unsere Haut, in: UB Nr. 142, 1989, S. 18–21
Die menschliche Haut verfügt über verschiedene verblüffende Eigenschaften, die sich in einfachen Experimenten entdecken lassen. Der Beitrag stellt einige Untersuchungen zum Tastsinn sowie zur Wärmeempfindung und -regulation vor. Ein weiteres Experiment zeigt den SuS, dass die Haut auch auf Stress reagiert.

Hülk, Ewald: Goldfinger, in: UB Nr. 246, 1999, S. 31–33
Im James-Bond-Film „Goldfinger" stirbt ein Mädchen, nachdem es von Kopf bis Fuß mit Goldbronze überzogen wurde. Als Grund wird Ersticken angegeben. Anhand einfacher Versuche erkunden die SuS Funktionen und Leistungen der Haut. Ihre Beobachtungen, Versuchsergebnisse und ein Informationsblatt widerlegen die These vom Erstickungstod; allenfalls kann es durch die Versiegelung der Haut zu einer Überhitzung und zu einem Kreislaufkollaps kommen.

Johannsen, Keike: Zeige mir deine Zähne und ich sage dir, was du frisst, in: UB Nr. 265, 2001, S. 14–19
Bei Säugetieren unterscheidet man Pflanzen-, Fleisch- und Allesfresser. Das jeweilige Ernährungsverhalten spiegelt sich in der Ausbildung von Gebiss und Kauapparat wieder. In jedem Zoo werden verschiedene Vertreter der drei Ernährungstypen gehalten. Exemplarisch beobachten die SuS Zebra, Löwe und Mantelpavian und setzen dann ihre Erkenntnisse hinsichtlich Morphologie und Verhalten in Bezug zur jeweiligen Ernährungsweise der drei Arten.

Jungbauer, Wolfgang (Hrsg.): Fledermäuse, in: PdN-BioS Nr. 3, 1996
Dieses Themenheft bietet eine Anzahl von Unterrichtsreihen zum Thema „Fledermäuse".

Kattmann, Ulrich/Janßen-Bartels, Anne/Müller, Matthias: Warum gibt es Säugetiere? In: UB Nr. 307/308, 2005, S. 18–23
Reptilien sind Vorfahren der Säugetiere. Letztlich verdanken es die Säugetiere einem evolutionären Zufall, dass sie sich zu einer großen Tierfamilie entwickeln konnten. Am Beispiel der Evolution von Säugetieren üben die SuS die Kompetenz narrativer Erklärung.

Kieffer, Eva: Streit bei Katzen, in: UB Nr. 171, 1992, S. 12–16
Wird eine Hauskatze allein gehalten, strukturiert sie die Wohnung wie ein Territorium in der Wildnis. Auf Artgenossen reagieren Hauskatzen in ihrem Revier je nach Temperament unterschiedlich. Nicht immer ist es aber möglich, zwei Katzen gleichzeitig zu halten. Die Frage, ob sich zwei Hauskatzen vertragen, steht im Mittelpunkt der Unterrichtseinheit. Die SuS informieren sich über Verhaltensweisen von Katzen und ihre Ausdrucksrepertoire, konfrontieren nach Möglichkeit zwei Katzen miteinander und überlegen gemeinsam, auf was man achten muss, wenn man Katzen halten will.

Marburger, Sabine/Dietz, Markus/Mende, Peter: Der Fledermaus-Exkursionsrucksack – Natur erleben und ökologische Zusammenhänge verstehen (Klasse 5 und 6), in: Biologie in der Schule Nr. 3, 1999, S. 137–143
Vorgestellt wird ein Medienpaket (Fledermaus-Exkursionsrucksack), das eine umfangreiche Freilandarbeit zum Thema „Fledermäuse" ermöglicht. Es ist als Baukasten konzipiert, dessen Elemente je nach Bedarf miteinander verknüpft werden können. Ziel ist die Verbindung von Naturerlebnis mit dem Verstehen ökologischer Zusammenhänge.

Nogli-Izadpanah, Simone: Reise durch die Mägen der Kuh, in: UB Nr. 188, 1993, S. 26–30 *(Spiel-Beihefter)*
Bei diesem Spielvorschlag durchwandern die Spielfiguren als Grashalme die verschiedenen Mägen eines Wiederkäuers. Dabei gelangt ein Spielstein nicht auf direktem Weg zum Ziel (in diesem Fall: zum Kuhfladen), sondern wird vorher „wiedergekäut".

Prechtl, Helmut: Der Mensch als Fledermaus, in: UB Nr. 228, 1997, S. 25–26, 31–33
Während sich der Mensch vor allem optisch orientiert, nutzen die dämmerungs- bzw. nachtaktiven Fledermäuse überwiegend akustische Signale. Bei der Fernorientierung verlassen sie sich allerdings mehr auf ihr Ortsgedächtnis. In einem Versuch zur Raumorientierung versetzen sich die SuS in die akustische Wahrnehmungswelt von Fledermäusen und erfahren anschließend in einem weiteren Experiment die Wirkung von Störgeräuschen auf die Übertragung unterschiedlicher akustischer Signale.

Prechtl, H.: Fledermäuse als Versuchstiere, in: PdN-BioS Nr. 6, 2001, S. 20–28
Der Beitrag beschäftigt sich mit der modernen Fledermausforschung, die Fragen zur Ökologie und Wahrnehmungsleistung der Tiere nachgeht. Fledermäuse haben durch die Spezialisierung auf ihre Lebensweise verschiedene, aufeinander abgestimmte Merkmale auf unterschiedlichen Organisationsebenen entwickelt. Es werden Beispiele aus der Fledermausforschung beschrieben und Hinweise für die Behandlung des Themas im Unterricht mit interdisziplinären Bezügen zur Physik und Physiologie der Wahrnehmung gegeben.

Schmitt-Scheersoi, Annette: Leben in der Nachtschicht, in: UB Nr. 275, 2002, S. 14–18
Als „Kobolde der Nacht" haben unsere heimischen Fledermäuse erstaunliche Fähigkeiten zur Orientierung in der Dunkelheit entwickelt. Durch ihr „Leben in der Nachtschicht" vermeiden sie Konkurrenz zu anderen Insektenjägern, die – wie viele Singvögel – meist tagsüber auf Beutefang gehen. Die SuS erarbeiten spielerisch das

Prinzip der Echo-Ortung. Anschließend ordnen sie auf dem Papier Körperteile aus Fledermaus-Kot und Eulen-Gewöllen potenziellen Beutetieren zu. Der Vergleich der Speisezettel zeigt, dass es auch zwischen verschiedenen Nachtjägern kaum Streit um die Nahrung gibt.

Stoltz, M./Wilhelm, K.: Leichtfüßig und schnell: Laufanpassungen bei Huftieren, in: PdN-Bio Nr. 3, 1998, S. 36–41
Bei der Entwicklung der Säugetiere haben sich aufgrund ihrer Lebensweisen besondere funktionelle Anpassungen u. a. auch an das Laufen entwickelt. Diese lassen sich auf grundlegende biomechanische Prinzipien zurückführen, was am Beispiel der Huftiere aufgezeigt wird. Die Stellung der Gliedmaßen in Bezug zum Rumpf, die Umgestaltung der Knochen, die Lage der Muskulatur sowie einige Besonderheiten (Sesambeine, Ligamente, „Laufgelenk") werden vorgestellt und sind in Form von Arbeitsblättern für den Unterricht aufbereitet. Die Grenzen der evolutiven Anpassung sind bezogen auf den Aspekt „Bewegungseffizienz kontra Stabilität" erörtert.

Stroot, Ingrid: Fledermäuse sind bedroht, in: UB Nr. 188, 1993, S. 21–26
Auf die Idee, sich näher mit Fledermäusen zu beschäftigen und sich für deren Schutz einzusetzen, kommen die SuS durch das Engagement eines Fledermausexperten. Gemeinsam legen sie als übergeordnetes Projektziel die Gestaltung einer Ausstellung fest. In Gruppen erarbeiten sie Teilthemen. Dabei untersuchen sie u. a. Fledermauskot nach Chitinspuren, fragen beim städtischen Grünflächenamt nach dem Einsatz von Pflanzenschutzmitteln, bauen Fledermauskästen und verfassen ein Theaterstück.

b) wissenschaftlich

Hofmann, Reinhold: Die Wiederkäuer, in: BIUZ Nr. 2, 1991, S. 73–80
Eine vergleichend-anatomische Betrachtung der Evolution des Wiederkäuer-Verdauungsapparates.

Langer, Peter: Der Verdauungstrakt bei pflanzenfressenden Säugetieren, in: BIUZ Nr. 1, 1987, S. 9–14
Die Beziehung zwischen Nahrung und funktioneller Anatomie des Verdauungstrakts wird auch mit Blick auf Nahrungsengpässe vor dem Hintergrund der Evolutionsgeschichte betrachtet.

Neuweiler, Gerhard: Echoortende Fledermäuse, in: BIUZ Nr. 3, 1990, S. 169–176
Der Artikel informiert über Jagdstrategien, Jagdbiotope und Angepasstheiten der Echoortung bei Fledermäusen.

V.3.3 Bücher
(kapitelübergreifende Literatur in kursiver Schreibweise)

Campbell, Neil A./Reece, Jane B: *Biologie, Pearson Studium, München 2009*
Cropp, Wolf-Ulrich: Wüsten – Leben in der Todeszone, Landbuch Verlag, Hannover 1992
Penzlin, Heinz: *Lehrbuch der Tierphysiologie, Gustav Fischer, Jena, 6/1996; Spektrum Akademischer Verlag, Heidelberg 7/2005 (2008)*

Pflumm, Walter: Biologie der Säugetiere, Parey, Berlin 2/1996
Das Buch behandelt die Schlüsselmerkmale der Säugetiere, beispielsweise Körperbau, Energiewechsel, Wärmehaushalt, Haut (mit Anhangsgebilden), Ernährung und Gebiss, Fortpflanzung und Jungenaufzucht, Anpassung an Lebensräume, Gehirn, Sinne, Verhalten, Nahrungserwerb und Verarbeitung, Evolution, Systematik.

Sedlag, Ulrich: Wie leben Säugetiere? Harri Deutsch, Frankfurt 2001

Siemers, Björn/Nill, Dietmar: Fledermäuse. Das Praxisbuch, BLV, München 2000
Informationen über Fledermäuse (u. a. Echoortung, Jagdverhalten Winterquartiere) bieten die Grundlage für die Anleitungen zu Beobachtung und Schutz der Tiere.

Storch, Volker/Welsch, Ulrich: *Systematische Zoologie, Gustav Fischer, Stuttgart 2003*

VI. Unterrichtseinheit: Mensch (Skelett und Bewegung)

Lernvoraussetzungen:

Grundkenntnisse über den menschlichen Körperbau

Gliederung:

Um Überschneidungen mit anderen Bänden dieser Reihe zu vermeiden, wird an dieser Stelle lediglich der Aspekt „Skelett und Bewegung" als Kernthema der Betrachtung des Menschen als „Wirbeltier" behandelt.

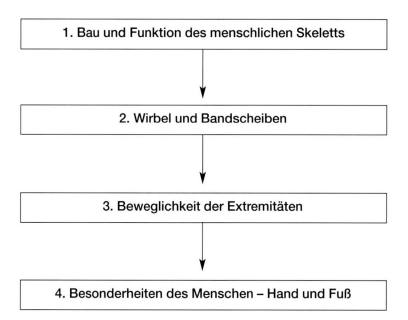

Zeitplanung:

Zur Vermittlung der Grundlagen der UE sind ca. 4 Unterrichtsstunden zu veranschlagen. Die vertiefenden Exkurse benötigen schätzungsweise nochmals 3 Stunden Unterrichtszeit.

VI.1 Sachinformationen

Beweglichkeit der Extremitäten:
Der menschliche Arm besitzt eine große Beweglichkeit und gibt der Hand damit einen maximalen Aktivitätsraum, der auch nach oben und hinten reicht, aber im Wesentlichen nach vorne ausgerichtet ist. Die besondere Beweglichkeit des Arms beruht darauf, dass das Schultergelenk ein Kugelgelenk mit drei Freiheitsgraden ist. Außerdem ist die Fläche der Gelenkpfanne im Schulterblatt (Scapula) flach und deutlich kleiner als der Gelenkkopf des Oberarms (Humerus). Der Oberarm erhält dadurch seine hohe Beweglichkeit in allen Richtungen. Die umgebende Muskulatur trägt zwar zur Stabilisierung bei, trotzdem wird das Schultergelenk häufig ausgekugelt (Luxation). Trotz der großen Beweglichkeit kann der Arm im Schultergelenk nur bis zur Horizontalen angehoben werden. Der an allen Bewegungen des Armes beteiligte Schultergürtel ermöglicht das weitere Anheben des Armes. Der Schultergürtel besteht aus Schulterblatt und Schlüsselbein (Clavicula). Nur das Schlüsselbein ist über ein Gelenk mit dem Brustbein (Sternum) verbunden, das Schulterblatt ist in Muskulatur eingebunden und gleitet frei auf der Rückseite des Brustkorbs. Es bildet so eine bewegliche Unterlage für den Arm. Hierdurch wird die Bewegungsfreiheit des Arms im Schultergelenk verdoppelt.

Das Ellenbogengelenk wird aus Oberarm, Elle und Speiche gebildet. Es handelt sich um ein zusammengesetztes Gelenk, das funktionell ein Drehscharniergelenk mit zwei Bewegungsachsen ist. Die Hauptbewegung ist das Anwinkeln des Arms, wobei das Ellenbogengelenk als Scharniergelenk arbeitet. Durch die Beteiligung von zwei Elementen (Elle und Speiche) am Ellenbogengelenk sind aber unabhängig voneinander und gleichzeitig auch leichte Drehbewegungen möglich. Auch die große seitliche (Dreh-)Beweglichkeit der Hand liegt im Vorhandensein zweier Elemente im Unterarm und ihrer Umwindung begründet.

Wie der Schultergürtel für den Arm, so bildet der Beckengürtel das Widerlager für die Bewegung des Beins. Der Beckengürtel ist aber mit der Wirbelsäule fest verbunden und nicht beweglich, wodurch die Bewegungsfreiheit des Beins eingeschränkt ist. Zusammen mit dem Beckenknochen bildet der Oberschenkelknochen (Femur) das Hüftgelenk, in dem das Bein bewegt wird. Das Hüftgelenk ist ein Kugelgelenk, das um drei Achsen bewegt werden kann. Allerdings wird der Gelenkkopf des Oberschenkelknochens von der Gelenkpfanne großflächig umschlossen, sodass die Beweglichkeit des Beins auch hierdurch stark eingeschränkt ist. Auch der Bänderapparat führt zu weiteren Beschränkungen der seitlichen und rückwärtigen Bewegungsfreiheit des Beins. Das Bein erhält dadurch im Stand eine hohe Stabilität und entspricht den Erfordernissen des vorwärts gerichteten Aufrechtgangs.

Im Kniegelenk artikulieren der Oberschenkelknochen und Schienbein miteinander. Es ist im Wesentlichen ein Scharniergelenk (Gehbewegung), erlaubt aber auch geringe Drehbewegungen, allerdings nur in gebeugtem Zustand. Die Unterschenkelknochen sind nicht umeinander drehbar, da das Wadenbein nicht am Kniegelenk beteiligt ist. Die Drehbewegung des Unterschenkels beruht auf einer Rotation im Kniegelenk. Gestreckt besitzt das Kniegelenk eine hohe Stabilität zum Tragen des Körpers. Bei gestrecktem Bein (Standbein) lagern im Kniegelenk Oberschenkelknochen und Schienbein fast plan und großflächig aufeinander und die Beweglichkeit ist stark eingeschränkt. In der Beugung ist die Gelenkfläche deutlich geringer und die Beweglichkeit dadurch größer. Das Kniegelenk wird durch eine komplizierte Bandführung gesichert. Es ist das größte und komplizierteste Gelenk im menschlichen Körper.

Beweglichkeit der Wirbelsäule:
Für die Beweglichkeit der Wirbelsäule sind neben dem Bandapparat und der Rückenmuskulatur die Verbindungen der Wirbel untereinander ganz wesentlich. Zwischen den Wirbelkörpern zweier Wirbel befindet sich die Zwischenwirbelscheibe (Bandscheibe). Außerdem bilden die seitlich des Wirbellochs liegenden Gelenkfortsätze Wirbelgelenke. Hier handelt es sich nicht um echte Gelenke, sondern um (plane) Fugen. Diese Wirbelgelenke sind ausschlaggebend für den Bewegungsumfang. Bei einer Beugung vorwärts wird die Bandscheibe vorn eingedrückt und hinten gedehnt. Der Kern verschiebt sich dabei nach hinten. Auch die Wirbelgelenke werden gedehnt, wodurch das Ausmaß der Beugung bestimmt wird: Sie ist nach vorn mit 90–100° deutlich größer als nach hinten (30–35°), weil eine Rückwärtsbeugung (Streckung) die Wirbelgelenke zusammendrückt. Ebenso werden seitliche und drehende Bewegungen durch die Verbindungen der Wirbel untereinander in Grenzen gehalten. In den drei Bereichen der Wirbelsäule sind Ausbildung und Stellung der Wirbelgelenke verschieden, sodass sich auch die Beweglichkeit unterscheidet. Die Halswirbelsäule ist dabei der beweglichste Bereich. Sie lässt Beugung, Streckung, Seitwärtsneigung und Drehung in großem Ausmaß zu. Die Brustwirbelsäule ist bei allen diesen Bewegungen etwas eingeschränkt, aber insgesamt noch recht beweglich. Die Lendenwirbelsäule lässt Rückwärtsbeugung auch aufgrund der Lordose in größerem Umfang zu. Beugung und ganz besonders Seitwärtsneigung sind stark beschränkt, Drehung ist fast nicht möglich, weil die Gelenkfortsätze miteinander verzapft sind.

Extremitäten:
Arme und Beine sind nach dem gleichen Bauplan aufgebaut und damit homolog. Der Arm besteht aus dem Oberarm, dem Unterarm (aus zwei Knochen: Elle und Speiche) und der Hand. In gleicher Weise gliedert sich das Bein vom Hüftgelenk aus in den Oberschenkel, den zweiteiligen Unterschenkel (mit Schienen- und Wadenbein) und den Fuß. Auch der Aufbau von Hand und Fuß lässt sich homologisieren: An der Hand bilden Speiche und Elle mit den Handwurzelknochen das Handgelenk. Es folgen die Mittelhandknochen, an die sich die Fingerknochen anschließen. Beim Fuß bilden die Mittelfußknochen das Sprunggelenk mit Schien- und Wadenbein und es folgen Mittelfuß- und letztlich Zehenknochen. Daumen bzw. Großzehe bestehen nur aus zwei Gliedern. Obere und untere Extremität sind also von der Lage und der Anzahl der aufbauenden Knochen bis auf einen in der Fußwurzel fehlenden Knochen identisch (Arm: 3; Bein: 3; Hand 27 [Handwurzel 8, Mittelhand 5, Finger 14]; Fuß 26 [Fußwurzel 7, Mittelfuß 5, Zehen 14] (Homologiekriterium der Lage)).

Unterschiede zwischen Arm und Bein bzw. Hand und Fuß wie beispielsweise die große Freiheit des Daumens lassen sich durch die verschiedenen Funktionen erklären: So ist der Daumen zu den Fingern und der Handfläche (Mittelhand) opponierbar und ermöglicht das Greifen (Greifhand). Die stabilere Ausführung von Oberschenkelknochen und Schienenbeinknochen begründet sich in der Aufgabe, im Stand und beim aufrechten Gehen den Körper zu tragen. Hierzu dienen auch der rechtwinklige Ansatz des Fußes durch die Veränderungen der Fußwurzelknochen, wodurch zusammen mit den Muskeln ein Hebelsystem zur Bewegung des Fußes entsteht. Allerdings ist die seitliche Drehbarkeit stark eingeschränkt.

Die kurzen Zehen und die stärker ausgeprägte Großzehe ermöglichen das Abrollen und Abstoßen des Fußes beim Gehen. Der Großzeh ist nicht weit abspreizbar, weshalb die Greiffähigkeit weitgehend entfällt (Standfuß). Das von Fußwurzel und Mittelfuß gebildete Fußgewölbe federt das Körpergewicht ab, stabilisiert den Stand und verteilt die beim aufrechten Gehen wirkenden Kräfte auf die drei Hauptbelastungspunkte der Fußsohle. Während des Gehens verlagert sich das Gewicht von der Ferse, mit der aufgesetzt wird, über den äußeren Rand des Fußgewölbes zunächst zum äußeren Mittelfußbereich, dann zur Basis des großen Zehs. Der große Zeh selbst stößt schließlich den bereits hinten angehobenen Fuß vom Boden ab.

Funktionen der Hand:
Die menschliche Hand besteht aus drei Knochengruppen: Sie bilden Handwurzel, Mittelhand und Finger. Die acht Handwurzelknochen sind über das proximale Handwurzelgelenk mit Elle und Speiche des Unterarms verbunden. Die Zweigliedrigkeit des Unterarms ermöglicht die große Drehbarkeit der Hand. Die Handwurzelknochen sind in zwei Reihen angeordnet und besitzen querverlaufende Gelenke untereinander (distales Handwurzelgelenk). Zu den vier Mittelhandknochen der Finger bestehen dagegen funktionell Fugenverbindungen mit stark eingeschränkter Beweglichkeit (Handfläche). Die Grundgelenke der Finger sind Kugelgelenke, die in ihrer Beweglichkeit durch den Bandapparat auf zwei Achsen, bei Beugung der Finger auf nur eine Achse beschränkt sind. D. h. sie sind gestreckt seitlich stärker beweglich als im gebeugten Zustand. Bei der Bewegung der Finger wird generell die Streckung (Entspannung) mehr durch die ganze Hand bewirkt, während die Beugung (Anspannung) für jeden Finger einzeln möglich ist. Wichtig für die Beweglichkeit und Greiffähigkeit der Hand ist auch, dass nur den Sehnenansatz die Fingergrundgelenke gebeugt werden können, während Mittel- und Endgelenke der Finger gestreckt bleiben. Dies ermöglicht es, die Kuppen aller Finger dem Daumen entgegenzusetzen (Pinzettengriff) und beispielsweise mit den Fingern zu schnipsen. Für Kraftgriffe ist die Einsenkbarkeit der Handfläche wichtig. Besonders bedeutsam für die Greiffähigkeit der Hand ist aber die Sonderstellung des Daumens. Der Daumen besitzt als einziger Finger zwischen Handwurzel- und Mittelhandknochen ein Sattelgelenk, das funktionell wie ein Kugelgelenk arbeitet und Rotationen zulässt. Dieses Daumensattelgelenk ermöglicht die große Beweglichkeit des Daumens, durch die er allen Fingern opponierbar ist.

Die Opponierbarkeit des Daumens ist die wesentliche Grundlage für die vielfältige Greiffähigkeit der menschlichen Hand. Die Ausprägung des Daumens in Bezug auf Stärke und Muskelversorgung ist eine Besonderheit des Menschen.

Die Bewegungen der Hand lassen sich in Greifbewegungen und solche ohne Greiffunktion unterteilen. Greifbewegungen werden mit den Fingern (einfache Griffe und Präzisionsgriffe), der Handfläche und dem Daumen ausgeführt. Letztere sind mit einem Krafteinsatz verbunden (Kraftgriffe). An Präzisionsgriffen ist der Daumen ebenfalls beteiligt.

Gelenke:
Bewegliche Verbindungen von zwei oder mehreren Knochen bezeichnet man als Gelenke. Einfache Fugen aus Knorpel oder Bindegeweben zählen nicht dazu. Gelenke zeichnen sich durch einen Gelenkspalt und seitliche Gelenkhöhlen, in denen sich Gelenkflüssigkeit befindet, aus. Die schleimige Gelenkschmiere dient der Ernährung und verhindert die Austrocknung der knorpelbedeckten Gelenkflächen der Knochen. Der hyaline Knorpel der Artikulationsflächen begründet die Gleitfähigkeit im Gelenk und wirkt zusammen mit der Gelenkflüssigkeit als Stoßdämpfer. Ein Gelenk wird von einer Gelenkkapsel umschlossen, die eine Fortsetzung der Knochenhaut darstellt.
Hinsichtlich der Form der artikulierenden Flächen unterscheidet man als wichtigste Gelenktypen:
1. Kugelgelenke, bei denen ein kugelförmiger Gelenkkopf in einer eingesenkten Gelenkpfanne liegt. Sie besitzen drei Freiheitsgrade, d. h. sie bewegen sich in alle drei Bewegungsrichtungen (oben–unten, vorwärts–rückwärts, seitlich rechts–links). Solche Gelenke wie z. B. das Schulter- oder das Hüftgelenk ermöglichen die größtmögliche Beweglichkeit.
2. Sattelgelenke bestehen aus zwei konkavgekrümmten Gelenkflächen, die senkrecht zueinander stehen und vier Hauptbewegungen zulassen. Sattelgelenke wie das Grundgelenk des Daumens erlauben die Bewegung um zwei Bewegungsachsen. In Sattelgelenken artikulieren Knochen sattelförmig gebogen bzw. eingesenkt miteinander über Kreuz.
3. Scharniergelenke, auch als Winkel- oder Walzengelenke bezeichnet, besitzen einen walzenförmigen Gelenkkörper, der in einer rinnenartig eingewölbten Gelenkpfanne liegt. Sie erlauben wie das Scharnier einer Tür lediglich die Bewegung auf einer Bewegungsachse. Ein Beispiel ist das Ellenbogengelenk, genauer das Oberarm-Ellen-Gelenk.
4. Zapfengelenke besitzen einen zapfenförmigen Gelenkkörper, der in einen Ring oder eine ausgehöhlte Gelenkpfanne hineinragt. Dieser Gelenktyp, der auch Radgelenk genannt wird, besitzt lediglich einen Freiheitsgrad: Nur innerhalb des Rings oder der Pfanne ist eine Drehung möglich. Ein Beispiel ist das Zusammenspiel des ersten und zweiten Halswirbels (*Atlas* und *Axis*) im unteren Kopfgelenk. Das obere Kopfgelenk zwischen dem Schädel und dem Atlas ist ein eiförmig abgewandeltes Kugelgelenk, das die Seitwärts- und Vorwärtsneigung des Kopfes ermöglicht.

Skelett:
Das Skelett des Menschen besteht aus etwa 200 Knochen verschiedenster Größe und Form, die über Gelenke miteinander verbunden sind. Nach dem Umfang der Beweglichkeit der Teile kann man das knöcherne Stützgerüst in das Stammskelett und das Extremitätenskelett gliedern.
Das Stammskelett ist in der Mittelache des Körpers angeordnet und besteht aus der Wirbelsäule, dem Brustkorb und dem Schädel. Dieser Teil des Skeletts verleiht dem Körper Stabilität und Festigkeit und ist deshalb recht unbeweglich und steif.
Das Extremitätenskelett umfasst die oberen und unteren Gliedmaßen mit ihren Ansatzknochen am Stammskelett. Die Extremitäten besitzen eine große Beweglichkeit und ermöglichen die Fortbewegung des Körpers.

Wirbel:
Die Wirbel der Wirbelsäule haben bis auf Atlas und Axis eine einheitliche Grundgestalt, die allerdings in verschiedenen Abschnitten der Wirbelsäule entsprechend den speziellen Anforderungen abgewandelt sind. Man beobachtet entsprechend der von oben nach unten zunehmenden Belastung eine zunehmende Wirbelgröße. Ein Wirbel besteht aus dem Wirbelkörper, dem Wirbelbogen mit dem Dornfortsatz sowie zwei Querfortsätzen und vier Gelenkfortsätzen. Die Wirbelbogen umschließen mit dem Wirbelkörper das Wirbelloch. Die Wirbelbogen besitzen von der Seite gesehen oben und unten eine Einbuchtung, sodass zwei Wirbel ein Zwischenwirbelloch bilden.
Die Gesamtheit der Wirbellöcher bildet den vertikal verlaufenden Wirbelkanal, in dem sich geschützt das Rückenmark befindet. Dieses ist neben dem Gehirn Teil des zentralen Nervensystems (ZNS). Das Rückenmark ist fingerdick und besteht aus auf- und absteigenden Nervenfaserbündeln. Zur Verbindung des ZNS mit dem peripheren Nervensystem treten über die Zwischenwirbellöcher insgesamt 31 Rückenmarksnerven paarig seitlich aus. Diese Spinalnerven versorgen den Körper nach Regionen gegliedert, sodass im Bereich der Halswirbelsäule beispielsweise Signale an Hals, Schultern, Armen, Händen aufgenommen und an diese gesandt werden. Entsprechend versorgen die thorakalen Spinalnerven den Bereich des Brustkorbs. Die Spinalnerven des Lendenbereichs stehen beispielsweise in Beziehung zu den unteren Extremitäten. Das Rückenmark endet auf der Höhe des ersten Lendenwirbels. Im Lendenbereich ziehen deshalb durch den Wirbelkanal nur noch die Wurzeln der tiefer austretenden Rückenmarksnerven, bevor sie austreten.

Wirbelsäule:
Die Wirbelsäule bildet das vertikale Achsensskelett und besteht in ihrem freien Bereich aus 24 Wirbeln: 7 Halswirbel, 12 Brustwirbel und 5 Lendenwirbel. Hinzu kommen 5 Kreuzbein- oder Sakralwirbel, die zum Kreuzbein verwachsen sind, und 4 bis 5 Steißbeinwirbel, die ebenfalls zusammen das Steißbein bilden. Die Wirbel werden durch Zwischenwirbelscheiben getrennt und durch einen Bandapparat verbunden. In der Seitenansicht besitzt die Wirbelsäule eine doppelt-S-förmige Gestalt mit zwei nach vorn konvexen Krümmungen (*Lordosen:* Halslordose, Lendenlordose) und zwei konkaven Krümmungen (*Kyphosen:* Brustkyphose, Sakralkyphose). Seitliche Krümmungen der Wirbelsäule gelten als krankhaft.
Durch Bau und Form verhält sich die Wirbelsäule wie ein federnder Stab, der besonders vertikal wirkende Kräfte beim Springen und Laufen abfangen kann. Im Aufrechtgang gelangt der Schwerpunkt des Körpers durch die Form der Wirbelsäule über die Standfläche zwischen den Füßen. Hierdurch wird das Gleichgewicht stabilisiert.

Zwischenwirbelscheiben (Bandscheiben):
Zwischen zwei Wirbelkörpern befindet sich eine bindegewebartige Zwischenwirbelscheibe (Bandscheibe), die u. a. bei Belastung als Stoßdämpfer dient. Eine Bandscheibe besteht aus einem festen Faserring, der einen Gallertkern umschließt. Bei Belastung wird die Bandscheibe zusammengedrückt, nimmt aber nach Ende der Belastung wieder ihre Ausgangsform an. Bei Beugungen der Wirbelsäule verschieben sich die Kerne der Bandscheiben zur jeweils gedehnten Seite. Bei extremer Belastung besteht die Gefahr, dass der Faserring der Bandscheibe reißt. Der Gallertkern kann nun nicht mehr der Bewegung angemessen verschoben werden und wird im Extremfall an der gerissenen Stelle nach außen gedrückt. Hierbei kann es passieren, dass die aus dem Wirbelkanal seitlich austretenden Rückenmarksnerven abgedrückt werden. Solch ein Bandscheibenvorfall tritt besonders häufig im Bereich der Lendenwirbel auf, weil hier die Belastung der Wirbelsäule am größten ist. Da die Wirbelsäule länger ist als das Rückenmark, befinden sich im Lendenbereich innerhalb des Wirbelkanals nur noch die Wurzeln der tiefer austretenden Rückenmarksnerven. Diese Spinalnerven verbinden das Gehirn mit den peripheren Nerven, wobei der Lendenbereich den unteren Körperbereich versorgt. Bei einem Bandscheibenvorfall treten deshalb Schmerzen und Lähmungen in den unteren Extremitäten auf.

VI. UE: Mensch (Skelett und Bewegung)

VI.2 Informationen zur Unterrichtspraxis
VI.2.1 Einstiegsmöglichkeiten

Unterrichtliche Anmerkung: Um Überschneidungen mit anderen Bänden dieser Reihe zu begrenzen, wurde entsprechend dem übergeordneten Thema „Wirbeltiere" nur der zentrale Themenkomplex ‚Körperbau' ausgewählt. Zur unterrichtlichen Behandlung weiterer wichtiger Themenkomplexe der Biologie des Menschen finden sich Materialien in den anderen Bänden dieser Reihe: „Stoffwechsel beim Menschen", „Mensch und Gesundheit", „Mensch und Umwelt", „Menschliche Sexualität und Entwicklung", „Sinnesorgane des Menschen", „Hormon- und Nervenphysiologie beim Menschen".

Einstiegsmöglichkeiten	Medien
A.: Eigene Erfahrungen	
■ L beginnt mit den Schülern ein offenes Gespräch über „Knochenbrüche" bei Wirbellosen (z. B. bei Willi, dem Freund der Biene Maja, und bei Wirbeltieren wie dem Hund) und leitet das Gespräch auf die Problemfrage: ▶ **Problem:** Welche Tiere können überhaupt Knochenbrüche erleiden?	■ Tafel *(für eine Zusammenfassung der Schülerergebnisse)*
B.: Vorwissen	
■ L zeigt in ungeordneter Reihenfolge einige Bilder (Dias, Folien) von Wirbeltieren und Wirbellosen und fordert die Schüler auf, die Tiere in zwei Gruppen zu ordnen. ▶ **Problem:** Nach welchen Kriterien/Gesichtspunkten habt ihr die Gruppen gebildet?	■ Diaprojektor, Dias bzw. Folie(n) und Arbeitsprojektor ■ Tafel *(für eine Zusammenfassung der Schülerergebnisse)*
C.: Rätsel	
■ L teilt ohne weiteren Kommentar Material VI./M 0 aus. ▶ **Problem:** Welches Merkmal trennt die beiden Gruppen von Tieren? ■ Einige SuS präsentieren ihre Lösung auf dem Arbeitsprojektor.	■ Material VI./M 0 (materialgebundene Aufgabe): Wer gehört zusammen? ■ Material VI./M 0 als Folienkopie, zerschnitten

Unterrichtliche Anmerkung: Alle Einstiegsvarianten zielen darauf ab, Wirbeltiere gegen Wirbellose abzugrenzen. Das knöcherne Skelett mit der Wirbelsäule als gemeinsames Kennzeichen der Wirbeltiere sollte klar herausgestellt werden. Damit erlernen die Schüler eine wichtige systematische Einteilung, die zwar morphologisch fundiert, aber trotzdem auch für jüngere Schüler leicht nachvollziehbar ist. Eine dieser Einstiegsvarianten sollte auch gewählt werden, wenn die erste Wirbeltiergruppe, mit der die Schülerinnen und Schüler konfrontiert werden, nicht der Mensch ist.

VI.2.2 Erarbeitungsmöglichkeiten

Erarbeitungsschritte	Medien
A./B./C.1: Bau und Funktion des menschlichen Skeletts	
■ L knüpft an das in der Einstiegsphase Erarbeitete an, hebt hervor, dass auch der Mensch zu den Wirbeltieren gehört und nennt das Thema des folgenden Unterrichtsabschnitts.	■ keine

VI. UE: Mensch (Skelett und Bewegung)

■ L präsentiert ein menschliches Skelett. ▶ **Problem:** In welche Abschnitte kann man das menschliche Skelett grob funktional gliedern? ■ L teilt zur Erarbeitung die Abbildung eines menschlichen Skeletts (Material VI./M 1) aus. ■ Einige SuS präsentieren auf dem Arbeitsprojektor ihre Ergebnisse, dabei werden die Skelettteile auch benannt.	■ Skelett ■ Material VI./M 1 (materialgebundene Aufgabe): Das menschliche Skelett ■ Material VI./M 1 als Folienkopie, Arbeitsprojektor
■ L betont als wesentlichen Bestandteil des Skeletts die Wirbelsäule. Anschließend führt L mit den SuS die Übungen zur Funktion der Wirbelsäule durch. ▶ **Problem:** Wozu dient die Wirbelsäule? ■ L hält die Ergebnisse an der Tafel oder auf einer Folie fest.	■ Material VI./M 2 (Schülerübung): Die Funktionen der Wirbelsäule ■ Tafel oder Folie und Arbeitsprojektor
■ Nach der Behandlung der Funktion leitet L über zur Erarbeitung des Baus der Wirbelsäule und teilt dazu Material VI./M 3 aus. ▶ **Problem:** Wie ist die Wirbelsäule des Menschen aufgebaut? ■ Die SuS erarbeiten die Aufgaben a) bis d) in Kleingruppen. Anschließend werden die Ergebnisse an der Tafel oder auf Folie zusammengetragen. Aufgabe e) wird evtl. als Hausaufgabe gestellt.	■ Material VI./M 3 (materialgebundene Aufgabe): Die Wirbelsäule ■ Zur weiteren Veranschaulichung dient das Skelett-Präparat. ■ Tafel oder Folie und Arbeitsprojektor ■ Zur vertiefenden Behandlung der „Rückenproblematik" kann in Zusammenhang mit Aufgabe e) das VHS-Video 4257965: Unser Rücken, 14 Min., f, 2004 dienen.
A./B.2: Wirbel und Bandscheiben	
Unterrichtliche Anmerkung: Zur vertiefenden Behandlung der Wirbelsäule kann in älteren oder leistungsstärkeren Lerngruppen anschließend auf die Probleme eingegangen werden, die mit dem besonderen Bau der Wirbelsäule verbunden sind.	
■ L verteilt Wirbelpräparate an die SuS, damit diese sich eine räumliche Vorstellung machen können. ▶ **Problem:** Wie ist ein Wirbel aufgebaut? Wie setzt sich die Wirbelsäule aus den Wirbeln zusammen? Welche Rolle spielen die Bandscheiben? ■ L trägt die Ergebnisse im offenen Unterrichtsgespräch im Plenum zusammen.	■ Wirbelpräparate

VI. UE: Mensch (Skelett und Bewegung)

■ L thematisiert die Beweglichkeit der Wirbelsäule. ▶ **Problem:** Wie beweglich ist die Wirbelsäule? ■ Die SuS erhalten zur Erarbeitung das entsprechende Arbeitsmaterial VI./M 4 mit der Aufforderung, die Übungen durchzuführen. L koordiniert den Ablauf und sichert die Ergebnisse.	■ keine ■ Material VI./M 4 (Schülerübung mit materialgebundener Arbeitsaufgabe): Beweglichkeit der Wirbelsäule ■ großer Winkelmesser (Geometriegeräte der Klasse)
Unterrichtliche Anmerkung: Der vorangehende Unterrichtsabschnitt kann auch unter Anleitung des Lehrers als Demonstrationsexperiment mit zwei Schülern vor der Klasse durchgeführt werden. Dies garantiert einen geordneten Verlauf und ist zeitlich weniger aufwändig als die Durchführung in Kleingruppen.	
■ L spricht anknüpfend an die Beweglichkeit der Wirbelsäule deren Gefährdung an. ▶ **Problem:** Was ist ein Bandscheibenvorfall? ■ Die SuS erhalten zur Erarbeitung der Aufgaben a) und b) in Kleingruppen das Material zum Bandscheibenvorfall. ■ L fasst die Ergebnisse zusammen und macht abschließend mit den SuS die Übungen zur Stärkung der Wirbelsäule (Aufgabe c).	■ keine ■ Material VI./M 5 (materialgebundene Aufgabe): Bandscheibenvorfall ■ Stuhl, freier Bodenbereich ■ Falls nicht schon zuvor zum Thema Wirbelsäule allgemein geschehen, kann an dieser Stelle das *VHS-Video 4257965: Unser Rücken, 14 Min., f, 2004* zur Vertiefung des Themas „Rückenprobleme" dienen.

A./B.3: Beweglichkeit der Extremitäten

Unterrichtliche Anmerkung: Nachdem die Schüler die Wirbelsäule als wesentlichen Bestandteil des Stammskeletts kennengelernt haben, folgt die Behandlung des Extremitätenskeletts. Hierbei steht der Aspekt der Beweglichkeit im Vordergrund. Es ist aber auch möglich, zuvor mit Material VI./M 9 auf den Bau der Extremitäten einzugehen.

■ L befragt die SuS nach den Grundlagen der Beweglichkeit des menschlichen Körpers. Im offenen Unterrichtsgespräch wird Beweglichkeit gegen Fortbewegung abgegrenzt und die Gelenke werden als Grundlage für alle Bewegungen des Körpers herausgestellt. ▶ **Problem:** Wie ist ein Gelenk aufgebaut? Welche Arten von Gelenken gibt es? ■ L teilt dann zur Erarbeitung ein Arbeitsblatt aus, das die SuS mit einem Partner lösen. ■ Anschließend werden auf einer Folie die Ergebnisse eingetragen.	■ keine ■ Material VI./M 6 (materialgebundene Aufgabe): Gelenke und Beweglichkeit ■ Material VI./M 6 als Folienkopie, Arbeitsprojektor

A./B.4: Besonderheiten des Menschen – Hand und Fuß

Unterrichtliche Anmerkung: Das Thema „Skelett und Beweglichkeit" dient dazu, schon in der Sekundarstufe I evolutionsbiologische Aspekte in den Unterricht einzuführen: Mit dem Vergleich der Extremitäten wird implizit der Homologie-Aspekt eingebracht und anschließend die jeweilige Angepasstheit der Extremitäten (als Ergebnis einer Evolutionsgeschichte) erarbeitet. Die menschliche Greifhand sowie der Standfuß als Merkmal des Aufrechtgangs sind – neben dem großen Gehirn – die Kennzeichen, die zur besonderen Angepasstheit („Eigenart" [Kattmann]) des Menschen gehören. Die Besprechung der menschlichen Extremitäten gibt den Schülern auch eine Grundlage für spätere Vergleiche mit anderen Wirbeltieren und deren Spezialisierungen.

VI. UE: Mensch (Skelett und Bewegung)

■ L spricht das Thema an und teilt das Material zum Extremitäten-Vergleich aus. Gleichzeitig stellt er auch ein Skelett und weitere Präparate der menschlichen Extremitäten als Anschauungsobjekte zur Verfügung. ▶ **Problem:** Wie sind Arme und Beine bzw. Hände und Füße aufgebaut? Wie erklären sich die Unterschiede im Bau? ■ Die SuS bearbeiten die Aufgaben des Materials in Kleingruppen. ■ Die Ergebnisse werden anschließend von L in einem Unterrichtsgespräch zusammengetragen: Bauplangleichheit bei unterschiedlicher Funktion.	■ Material VI./M 7 (materialgebundene Aufgabe): Die Extremitäten im Vergleich ■ Knochenpräparate, Skelett ■ Tafel oder Folie/Arbeitsprojektor zum Festhalten der Ergebnisse
■ L leitet danach auf die Funktionen der menschlichen Hand über. Als Einstieg können die SuS aufgefordert werden, verschiedene Betätigungen/Greifbewegungen der Hand aufzuzählen und vorzumachen. ■ Um die Ergebnisse zu systematisieren, wird das Arbeitsblatt zu den Greifbewegungen der Hand ausgeteilt und von den SuS in Gruppen bearbeitet. Auch hierbei werden die SuS aufgefordert, mit der eigenen Hand auszuprobieren und zu überprüfen. ▶ **Problem:** Worauf ist die menschliche Hand „spezialisiert"? ■ Die Zusammenfassung im Plenum sollte praktisch orientiert sein und einen Eindruck von der Vielfalt der Bewegungsmöglichkeiten bzw. Greiffähigkeiten der menschlichen Hand vermitteln: Die Spezialisierung besteht paradoxerweise in der sehr geringen Festlegung der Handfunktionen. Dies macht sie zu einem „Universalwerkzeug".	■ keine ■ Material VI./M 8 (materialgebundene Aufgabe): Funktionen der Hand Alternativ kann auch mit einer Folienkopie nach Material VI./M 8 gearbeitet werden. L regt dann die SuS zu Übungen entsprechend der Aufgabenstellung an und benutzt die Abbildungen als Orientierung und Vergleichsbasis. ■ keine
■ L regt zu einem offenen Gespräch über den menschlichen Fuß und seine Spezialisierung an. Die zusammengetragenen Kenntnisse werden auf dem Arbeitsblatt festgehalten, indem die SuS den Lückentext ausfüllen. ▶ **Problem:** Worauf ist der menschliche Fuß spezialisiert? ■ Bestätigung für ihre Vermutungen finden die SuS in zwei Selbstversuchen. Die Ergebnisse werden zusammenfassend in einer Folie festgehalten und ausgedeutet: Der Mensch besitzt als Voraussetzung für den aufrechten Gang auf zwei Beinen einen ausgeprägten Standfuß.	■ Material VI./M 9 (Schülerübung, materialgebundene Aufgabe): Der menschliche Fuß ■ Material VI./M 9 als Folienkopie

VI. UE: Mensch (Skelett und Bewegung)

| VI./M 0 | Wer gehört zusammen? | Materialgebundene AUFGABE |

Arbeitsmaterial:

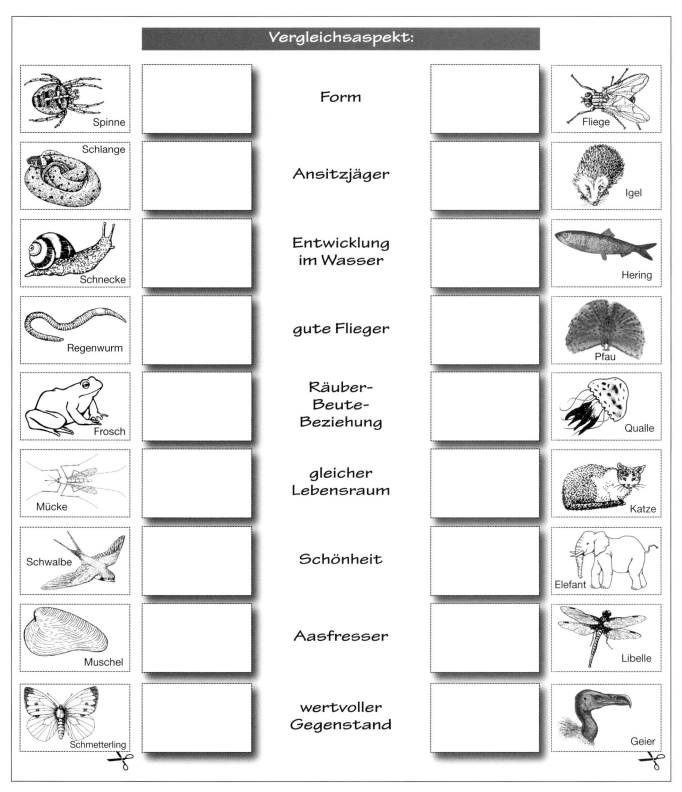

Aufgaben:

a) Ordne je zwei Tiere einem der Vergleichsaspekte zu! Schneide aus und klebe ein!
b) Begründe deine Zuordnungen!
b) Bei der richtigen Lösung ergeben sich zwei Gruppen von Tieren, die durch ein Merkmal voneinander unterschieden werden können. Welches ist dieses Merkmal? Wie heißen die beiden Tiergruppen?

VI. UE: Mensch (Skelett und Bewegung)

| VI./M 1 | Das menschliche Skelett | Materialgebundene AUFGABE |

Arbeitsmaterial:

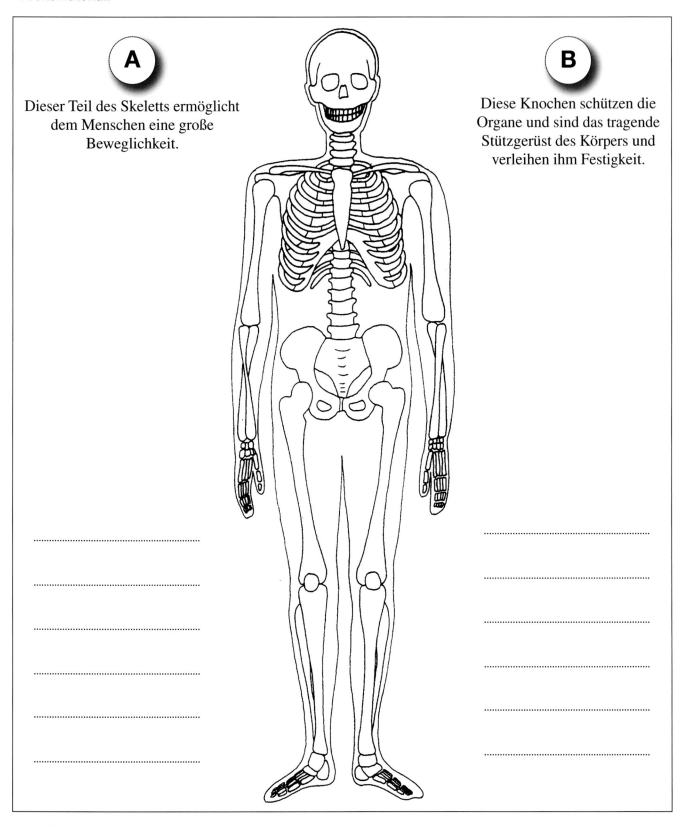

A Dieser Teil des Skeletts ermöglicht dem Menschen eine große Beweglichkeit.

B Diese Knochen schützen die Organe und sind das tragende Stützgerüst des Körpers und verleihen ihm Festigkeit.

Aufgaben:
a) Male die jeweiligen Knochen zu **A** und **B** in verschiedenen Farben aus!
b) Nenne Knochen oder Skelett-Teile, die zu **A** bzw. **B** gehören!

VI. UE: Mensch (Skelett und Bewegung)

| VI./M 2 | Die Funktion der Wirbelsäule | Experiment |

Arbeitsmaterial:

Führe mit einem Partner auf einer freien Fläche folgende Übungen zur Frage nach der Aufgabe der Wirbelsäule des Menschen durch.

Übung 1:

Ein Partner ist die Testperson und beugt bei durchgedrückten Knien seinen Oberkörper bogenförmig nach vorn. Der andere Partner gibt ihm jetzt einen leichten Stoß von hinten. **VORSICHT!** Sturzgefahr.

Übung 2:

In einem Kontrollversuch stellt sich die Testperson mit dem gesamten Körper aufrecht. Wieder bekommt sie von ihrem Partner einen leichten Stoß von hinten. **VORSICHT!** Sturzgefahr.

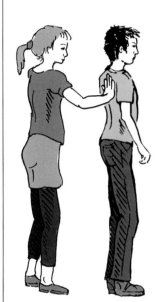

Übung 3:

Hüpfe alleine im Stand hoch und lande bei gestreckten Beinen mit den Fersen auf dem Boden. **VORSICHT! Nicht höher als 10 bis 20 cm springen.** Verletzungsgefahr. Beobachte, wo im Körper du den Aufprall spürst!

Aufgaben:
a) Beobachtet und vergleicht bei den Übungen 1 und 2, wie schwer es ist, das Gleichgewicht zu halten!
b) Verdeutlicht mit einem Bindfaden und einem beliebigen Gegenstand als Gewicht, wo der Schwerpunkt des Körpers bei den beiden Körperhaltungen in den Übungen 1 und 2 liegt. *Dazu wird der Bindfaden an einen mittleren Hemdknopf gebunden, dann werden die Haltungen aus den Übungen 1 und 2 erneut eingenommen.*
c) Wie könnte man die gebeugte Haltung (in Übung 1) stabilisieren? **Hinweis:** *Man denke u. a. an die Haltung beim Bockspringen.* Überprüft eure Vermutungen in einem Versuch!
d) Wo hast du bei Übung 3 den Aufprall auf dem Boden gespürt? Was sagst du nach dieser Erfahrung zu der Annahme, die Wirbelsäule diene der Federung?
e) Erläutere mithilfe deiner Beobachtung aus Übung 3 und den Erfahrungen aus den Übungen 1 und 2, welche Aufgabe die Wirbelsäule beim Menschen hat!

VI. UE: Mensch (Skelett und Bewegung)

| VI./M 3 | Die Wirbelsäule | Materialgebundene AUFGABE |

Arbeitsmaterial:

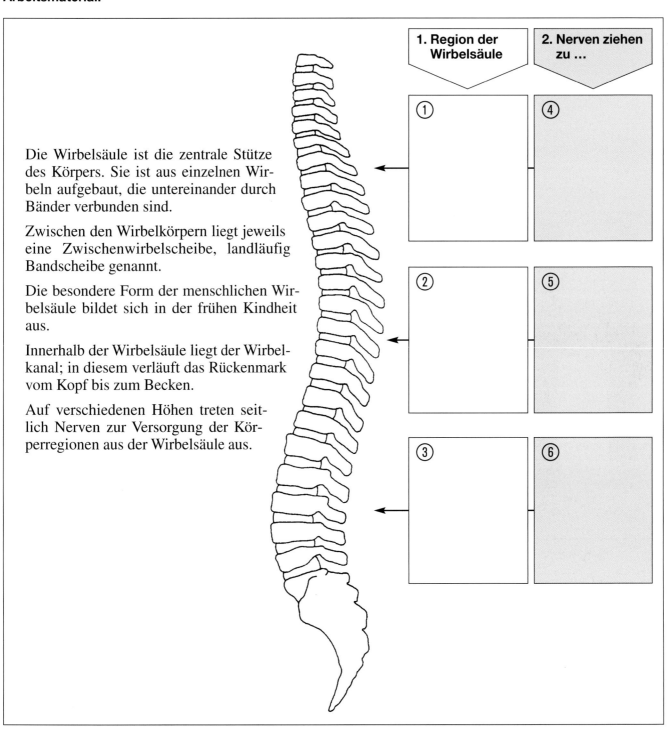

Die Wirbelsäule ist die zentrale Stütze des Körpers. Sie ist aus einzelnen Wirbeln aufgebaut, die untereinander durch Bänder verbunden sind.

Zwischen den Wirbelkörpern liegt jeweils eine Zwischenwirbelscheibe, landläufig Bandscheibe genannt.

Die besondere Form der menschlichen Wirbelsäule bildet sich in der frühen Kindheit aus.

Innerhalb der Wirbelsäule liegt der Wirbelkanal; in diesem verläuft das Rückenmark vom Kopf bis zum Becken.

Auf verschiedenen Höhen treten seitlich Nerven zur Versorgung der Körperregionen aus der Wirbelsäule aus.

Aufgaben:

a) Aus wie vielen Wirbeln besteht die Wirbelsäule des Menschen?
b) Der Mensch hat 7 Halswirbel, 12 Brustwirbel und 5 Lendenwirbel. Markiere diese Abschnitte in der Abbildung mit verschiedenen Farben!
c) Trage in die Kästchen ein: 1. Die Region der Wirbelsäule; 2. Die von hier aus mit Nerven versorgten Körperbereiche. Wähle aus: *Hüften – Beine – Füße; Schultern – Arme – Hände; Brustkorb!*
d) Die Wirbelsäule besitzt eine ☐ S-förmige Form; ☐ doppelt-S-förmige Form; ☐ gerade Form. Kreuze die richtige Antwort an!
e) Wodurch könnte im Kindes- und Erwachsenenalter die natürliche Krümmung der Wirbelsäule beeinflusst werden?

VI. UE: Mensch (Skelett und Bewegung)

| VI./M 4 | Beweglichkeit der Wirbelsäule | Schülerübung mit materialgebundener ARBEITSAUFGABE |

Arbeitsmaterial:

Abbildung 1

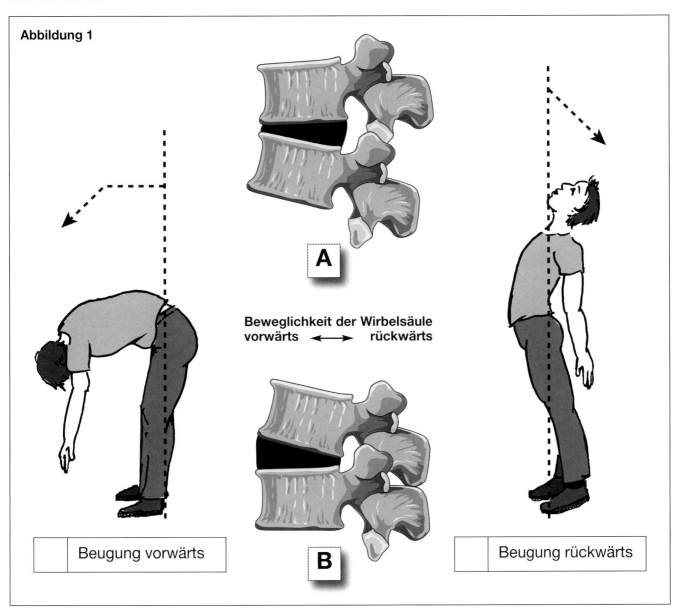

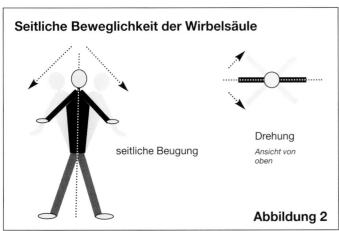

Abbildung 2

Aufgaben:

a) Führe in Partnerarbeit Beugungen vorwärts und rückwärts aus und miss mit einem Winkelmesser den jeweiligen Beugungswinkel!

b) Welche Wirkung auf die Wirbel der Wirbelsäule (Mitte A, B) hat eine Beugung vorwärts bzw. rückwärts? Ordne den Teilabbildungen **A** bzw. **B** in Abbildung 1 zu! Wie erklärst du die unterschiedlichen Beugungswinkel vorwärts und rückwärts?

c) Führe mit deinem Partner nach Abbildung 2 Seitwärtsneigung und Drehung aus! Ermittle auch hier die Winkel als Maß für die Beweglichkeit der Wirbelsäule!

d) Wie beurteilst du die Beweglichkeit der Wirbelsäule aufgrund dieser Untersuchungen?

VI. UE: Mensch (Skelett und Bewegung)

VI./M 5	Bandscheibenvorfall	Materialgebundene AUFGABE

Arbeitsmaterial:

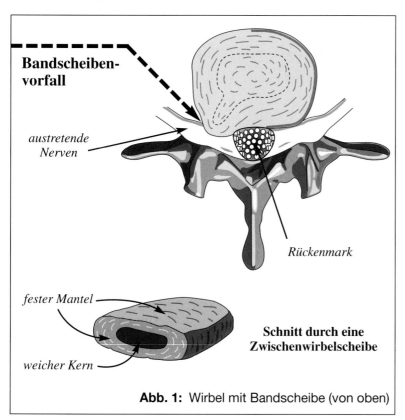

Abb. 1: Wirbel mit Bandscheibe (von oben)

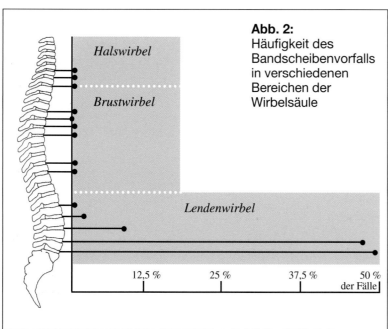

Abb. 2: Häufigkeit des Bandscheibenvorfalls in verschiedenen Bereichen der Wirbelsäule

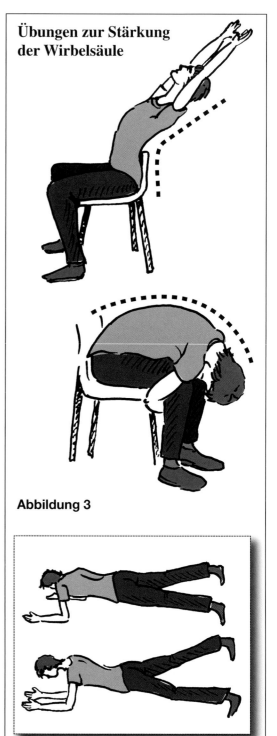

Übungen zur Stärkung der Wirbelsäule

Abbildung 3

Aufgaben:

a) Beschreibe mithilfe von Abbildung 1, was man unter einem *Bandscheibenvorfall* versteht! Welche Folgen kann er haben?
b) Welche Bereiche der Wirbelsäule sind nach Abbildung 2 für den Bandscheibenvorfall besonders anfällig? Welche Art von Belastung der Wirbelsäule erhöht das Risiko eines Bandscheibenvorfalls?
c) Beschreibe die in Abbildung 3 dargestellten Übungen zur Stärkung der Wirbelsäule und der Rückenmuskulatur! Probiere selbst!

VI. UE: Mensch (Skelett und Bewegung)

| VI./M 6 | Gelenke und Beweglichkeit | Materialgebundene AUFGABE |

Arbeitsmaterial:

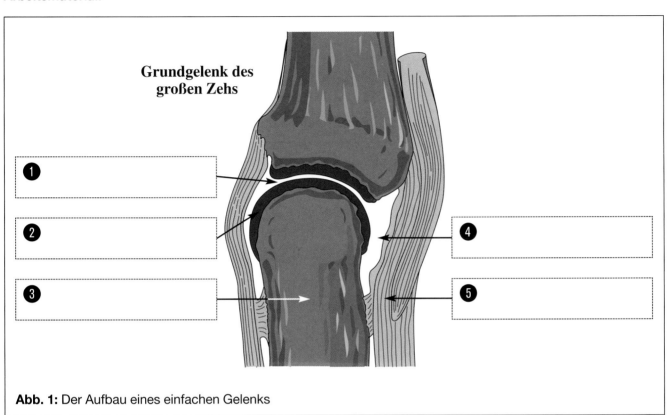

Abb. 1: Der Aufbau eines einfachen Gelenks

Abb. 2: Wichtige Gelenktypen im menschlichen Körper

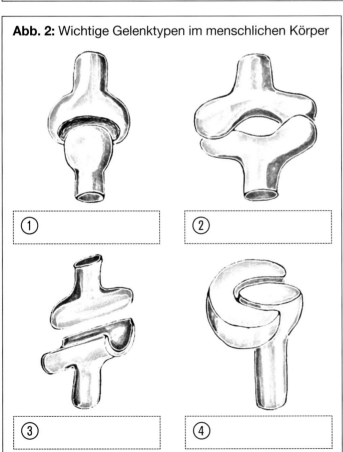

Abb. 3: Bewegungsebenen

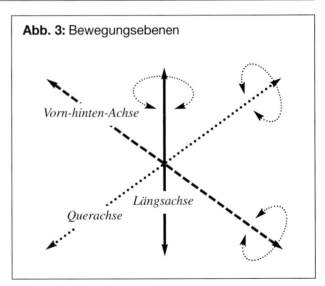

Aufgaben:

a) Beschrifte in Abbildung 1 die wesentlichen Teile eines Gelenks: *Knochen, Knorpel, Gelenkspalt, Gelenkhöhle, Sehne!*
b) Die in Abbildung 2 abgebildeten Gelenkformen haben *sprechende* Namen. Welche könnten das sein? Trage die Bezeichnungen unter den Abbildungen ein!
c) Bestimme für jeden Gelenktyp, um wie viele Achsen er eine Bewegung erlaubt (vgl. Abb. 3)!
d) Finde für mindestens zwei der Gelenktypen ein entsprechendes Gelenk im menschlichen Körper!

VI. UE: Mensch (Skelett und Bewegung)

| VI./M 7 | Die Extremitäten im Vergleich | Materialgebundene AUFGABE |

Arbeitsmaterial:

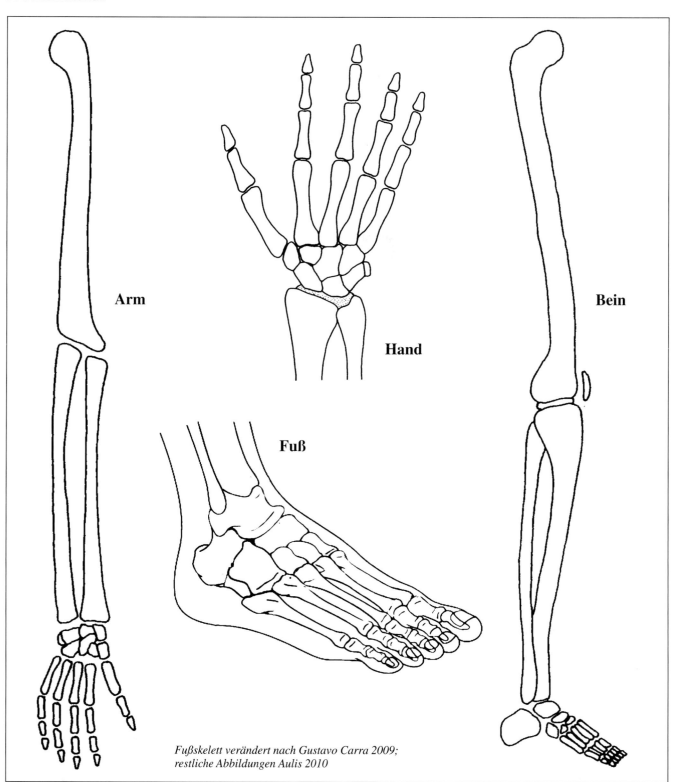

Fußskelett verändert nach Gustavo Carra 2009; restliche Abbildungen Aulis 2010

Aufgaben:

a) Markiere in den Abbildungen vom Arm und Bein bzw. Hand und Fuß jeweils gleiche Elemente in der gleichen Farbe!
b) Bestimme die Anzahl der Knochen für Arm und Bein bzw. Hand und Fuß! Welchen Schluss ziehst du aus deinem Ergebnis?
c) Erkläre die deutlich sichtbaren Unterschiede zwischen Arm- und Beinskelett bzw. Hand- und Fußskelett!

VI. UE: Mensch (Skelett und Bewegung)

| VI./M 8 | Funktionen der Hand | Materialgebundene AUFGABE |

Arbeitsmaterial:

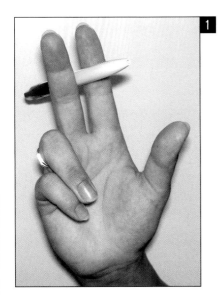
Einen Stift halten.

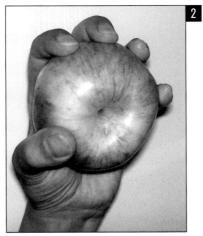
Einen Apfel umgreifen oder einen Ball werfen.

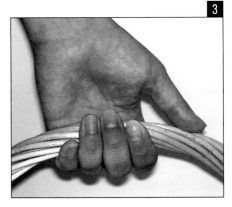
Einen Korb oder eine Tasche tragen.

Was wir mit den Händen können

Einen Speer werfen oder einen Besen halten.

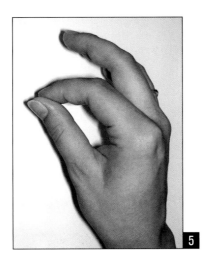
Eine Prise Salz zugeben.

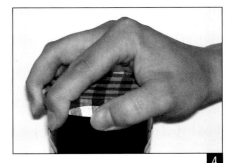
Ein Marmeladenglas öffnen.

Aufgaben:

a) Ordne die abgebildeten Greifbewegungen der Hand in zwei Gruppen! Benutze als Unterscheidungskriterien die Fragen:
  • Wie viel Kraft wird ausgeübt?
  • Welche Finger oder Teile der Hand sind beteiligt?
b) Beschreibe die dargestellten Funktionen der menschlichen Hand!
c) Finde weitere Beispiele für die dargestellten Handfunktionen!
d) Gibt es weitere, nicht dargestellte Greifmöglichkeiten der menschlichen Hand? Versuche es selbst!

VI. UE: Mensch (Skelett und Bewegung)

| VI./M 9 | Der menschliche Fuß | Materialgebundene AUFGABE |

Arbeitsmaterial:

Ergänze folgenden Lückentext

Die Zehen sind beim menschlichen Fuß besonders ………… . Durch die stark ausgeprägte ……………………… wird das Abrollen und Abstoßen des Fußes beim Gehen ermöglicht. Mit dem Fuß kann der Mensch, anders als Menschaffen (z. B. Schimpansen), nur schlecht ………………… . Der Mensch besitzt einen ausgeprägten …………………… .

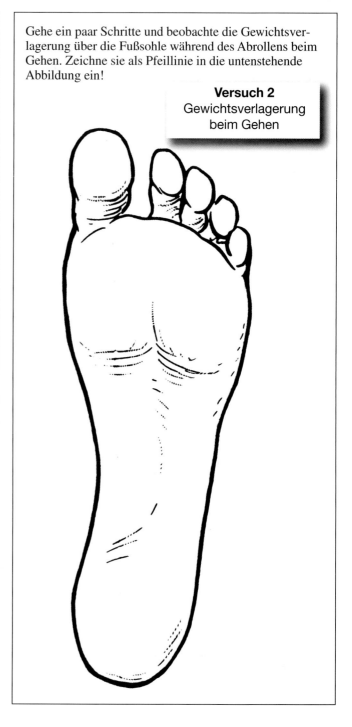

(Schimpanse)

Versuche auf einem Bein stehend zu ermitteln, wo die Fußsohle im Stand besonders belastet wird! Zeichne diese Stellen in die folgende Abbildung ein!

Versuch 1
Belastungspunkte im Stand

Gehe ein paar Schritte und beobachte die Gewichtsverlagerung über die Fußsohle während des Abrollens beim Gehen. Zeichne sie als Pfeillinie in die untenstehende Abbildung ein!

Versuch 2
Gewichtsverlagerung beim Gehen

Zeichnung Fußsohlen: © Frau Dr. C. H. Stratz (1907)

VI.2.3 Lösungshinweise

VI./M 0 Wer gehört zusammen?

a), b) Form: *Schlange – Regenwurm*
Ansitzjäger: *Katze – Spinne*
Entwicklung im Wasser: *Frosch – Mücke*
gute Flieger: *Schwalbe – Libelle*
Räuber-Beute-Beziehung: *Igel – Schnecke*
gleicher Lebensraum: *Hering – Qualle*
Schönheit: *Pfau – Schmetterling*
Aasfresser: *Geier – Fliege*
wertvoller Gegenstand: *Elefant – Muschel*

c) Das Unterscheidungsmerkmal ist das *Knochenskelett*. Tiere mit einem Knochenskelett heißen *Wirbeltiere*, solche ohne nennt man *wirbellose Tiere*.

VI./M 1 Das menschliche Skelett

a) Unterschiedlich markiert werden sollen das *Extremitätenskelett*, also die beiden Extremitäten-Paare, und das *Stammskelett*, beispielsweise der Brustkorb.
b) Zu A: *Handknochen, Armknochen, Fußknochen usw.;* zu B: *u. a. die Rippen, die Wirbelsäule.*

VI./M 2 Die Funktion der Wirbelsäule

a) Durch einen Stoß von hinten kommt man mit vorwärts gebeugtem Oberkörper leicht aus dem Gleichgewicht. In der aufrechten Haltung wird man nicht umgestoßen.
b) Vorgebeugt liegt der Schwerpunkt vor dem Körper. Die Standfläche befindet sich dagegen unter den Füßen. Beide stimmen also nicht überein. Im Stand – mit gestrecktem Oberkörper – liegt der Schwerpunkt direkt über der Standfläche des Körpers.
c) Die vorgebeugte Haltung kann stabilisiert werden, wenn sie vorne z. B. durch die Hände abgestützt wird. Auch wenn die Knie ebenfalls eingeknickt werden, ist der gebeugte Körper standfester, weil er teilweise unterstützt wird. Diese Haltung, wie sie Schimpansen zeigen, ist allerdings recht anstrengend. So bietet das Abstützen mit den Händen auf den Knien, wie beim Bocksprung, die optimale Lösung hinsichtlich Stabilität und Kraftaufwand.
d) Der empfindliche Schmerz im Kopf bei einem Sprung ohne Abfederung durch die Knie beweist, dass die Form der Wirbelsäule nicht oder nur in sehr geringem Maße der Federung dient.
e) Die Wirbelsäule ermöglicht die stabile aufrechte Haltung des Menschen. Hierdurch liegt der Schwerpunkt des Körpers über der Standfläche der Füße. Dies ist eine Voraussetzung für den Aufrechtgang des Menschen.

VI./M 3 Die Wirbelsäule

a) Die Wirbelsäule des Menschen besteht aus *24* Wirbeln.
c) 1 = Halswirbelsäule; 2 = Brustwirbelsäule; 3 = Lendenwirbelsäule; 4 = Schultern, Arme, Hände; 5 = Brustkorb; 6 = Hüften, Beine, Füße
d) Die Wirbelsäule besitzt eine *doppelt-S-förmige* Gestalt.
e) Einfluss auf die Krümmung der Wirbelsäule haben z. B. *eine falsche Körperhaltung, falsches Tragen* und *Heben, Fettleibigkeit*.

VI./M 4 Beweglichkeit der Wirbelsäule

a) Bei einer Beugung vorwärts kann ein Winkel von 90° bis 100° erreicht werden, rückwärts nur 30° bis 35°.
b) Abbildung A entspricht der Beugung vorwärts, B der Beugung rückwärts. Bei der Rückwärtsbeugung stoßen die Gelenkfortsätze der Wirbel aufeinander, bei der Vorwärtsbeugung werden die Wirbelgelenke gedehnt; dies ermöglicht die stärkere Krümmung nach vorn.
c) Die Wirbelsäule erlaubt eine Seitwärtsneigung von 30° bis 40° und eine Drehung von jeweils 30° nach vorn und hinten.
d) Die Wirbelsäule erlaubt eine begrenzte Beweglichkeit des Körpers. Diese ist bei der Vorwärtsbeugung am größten.

VI./M 5 Bandscheibenvorfall

a) Die bindegewebeartigen Bandscheiben bestehen aus einem weichen Kern und einem faserigen Mantel. Durch zu starke einseitige Belastung kann der weiche Kern den Faserring durchbrechen und austreten. Hierdurch kann ein austretender Nervenstrang eingequetscht werden.
b) Der *Lendenbereich* der Wirbelsäule ist für einen Bandscheibenvorfall besonders anfällig. Das Risiko eines Bandscheibenvorfalls wird durch schweres Heben mit vornüber gebeugtem Körper erhöht.
c) **Übung 1:** Auf einem Stuhl sitzend mit erhobenen Armen möglichst weit zurückbeugen und dann nach vorn gebeugt die Arme unter den Knien hindurchstecken.

Übung 2: Am Boden zunächst auf den Ellenbogen und dann auf den Zehenspitzen einen „Liegestütz" ausführen. In dieser Haltung anschließend abwechselnd die Beine anheben.

VI./M 6 Gelenke und Beweglichkeit

a) 1 = Gelenkspalt; 2 = Knorpel; 3 = Knochen; 4 = Gelenkhöhle; 5 = Sehne
b) 1 = Kugelgelenk; 2 = Sattelgelenk; 3 = Scharniergelenk; 4 = Zapfengelenk
c) Kugelgelenk = 3 Achsen; Sattelgelenk = 2 Achsen; Scharniergelenk = 1 Achse; Zapfengelenk = 1 Achse
d) Kugelgelenk = Schulter, Hüfte;
Scharniergelenk = Ellenbogen, Knie;
(Zapfengelenk = Axis und Atlas zur Kopfdrehung);
Sattelgelenk = Grundgelenk des Daumens

VI./M 7 Die Extremitäten im Vergleich

a) Farblich gleich sollten markiert werden: *Oberarm und Oberschenkel, Unterarm* (Elle und Speiche) *und Unterschenkel* (Schienenbein und Wadenbein), *Handwurzelknochen und Fußwurzelknochen, Mittelhandknochen und Mittelfußknochen, Finger und Zehen.* Mit dieser Markierung ist der gleiche Bauplan nachgewiesen und damit die Homologie der beiden Extremitäten erfasst.
b) Die Anzahl der Knochen ist in Arm (3) und Hand (27)

VI. UE: Mensch (Skelett und Bewegung)

– bis auf einen fehlenden Fußwurzelknochen – gleich der in Bein (3) und Fuß (26).
c) Die äußeren Unterschiede zwischen Arm und Hand sowie Bein und Fuß sind durch die verschiedenen Funktionen zu erklären: Arm und Hand dienen zum Greifen und Klettern, Bein und Fuß erlauben den sicheren Stand und den aufrechten Gang.

VI./M 8 Funktionen der Hand

a) **Gruppe 1:** 2, 4, 6 (hoher Kraftaufwand, Beteiligung der ganzen Hand);
   Gruppe 2: 1, 3, 5 (wenig Kraftaufwand, Beteiligung einzelner Finger)
b) 1: Mittelfinger und Zeigefinger sind gestreckt, der Zeigefinger drückt gegen den Mittelfinger (**Scherengriff, einfacher Griff**).
   2: Die Finger der Hand und der Daumen umgreifen den Gegenstand (**Präzisionsgriff**), die Handinnenfläche dient als Gegenlager (räumliches Greifen mit Kraftanwendung, **Kraftgriff**).
   3: Der Daumen ist nicht beteiligt, die Finger sind hakenförmig gekrümmt (**Hakengriff**, einfacher Griff).
   4: Die Finger und der Daumen umgreifen den runden flachen Gegenstand und die Hand übt eine Drehbewegung aus (**Kraftgriff**).
   5: Die Spitzen von Daumen und Zeigefinger werden zusammengeführt (**Pinzettengriff, Präzisionsgriff**).
   6: Die Finger umgreifen einen länglichen Gegenstand, der auf der Handinnenfläche liegt. Der Daumen drückt in Längsrichtung auf den Gegenstand (**Kraftgriff**).
c) 1: Ein Seil festhalten; 2: Umgreifen eines Autoschalthebels; 3: Falsches Halten am Reck; 4: Anheben eines Steins; 5: Halten einer Nähnadel; Einfädeln eines Fadens in eine Nähnadel; 6: Halten einer Leine, von Zügeln; Halten eines Hammers

d) Beispielsweise: Das Halten eines Schreibstifts mit Daumen, Zeigefinger und Mittelfinger als Auflage; Aufdrehen einer Mutter/Schraube oder Drehen eines runden Zahlenschlosses mit Daumen, Zeigefinger und Mittelfinger; das Greifen größerer, flächiger Gegenstände z. B. eines Blattes aufliegend auf allen Fingern und dem Daumen als Gegenlager; das Befühlen eines Stoffes mit Daumen und der Seite des Zeigefingers (Reiben mit dem Daumen auf der Seite des Zeigefingers); Halten eines Schlüssels, einer Kaffeetasse (vornehm); das Nähen mit einer Nadel, die mit Pinzettengriff gehalten wird, wobei der Mittelfinger zusätzliche Kraft ausübt; Halten einer Glaskugel (Murmel) auf dem gekrümmten Zeigefinger und vor dem geknickten, vom Mittelfinger festgehaltenen Daumen.

VI./M 9 Der menschliche Fuß

Fehlende Begriffe im Lückentext: *kurz, Großzehe, greifen, Standfuß*

Versuch 1   Versuch 2

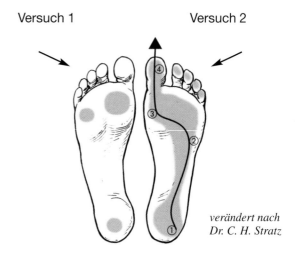

verändert nach Dr. C. H. Stratz

VI.3 Medieninformationen

VI.3.1 Audiovisuelle Medien

DVD 4640797: Der Bewegungsapparat, 20 Min., f, 2004
Hart wie Stahl und leicht wie Aluminium – unser Skelett. Es gibt uns Stabilität, bietet Schutz und ermöglicht Bewegung. Mithilfe von Grafiken, Animationen und ausführlichen Filmsequenzen werden anschaulich Aufbau und Funktion vom Knochenmark über die Knochen, Gelenke, Sehnen und Bänder bis hin zu den unterschiedlichen Muskelarten erklärt. Der Film verdeutlicht die wichtigsten Eigenschaften des menschlichen Bewegungsapparats und wie die Zusammenarbeit aller Komponenten Bewegungen möglich macht.

FWU-VHS-Video 4202108: Das Bewegungssystem des Menschen, 16 Min., 1996
Im Anschluss an Ballett- und Sportszenen werden Bau und Funktion des Bewegungsapparates dargelegt. Die Erklärungen werden im Trick, durch Modelle und Röntgenaufnahmen veranschaulicht. Gezeigt wird das Zusammenwirken von Knochen, Gelenken, Muskeln, Bändern und Sehnen.

DVD 4602391: BodyCheck – Knochen-Muskel-Bewegung, 26 Min., f, 2006
„Kinder werden immer unbeweglicher! Unsere Kinder sind zu dick!" Klagen dieser Art haben in den letzten Jahren stark zugenommen, und das, obwohl jede Zeitschrift Ernährungstipps und Diäten anpreist. Allerdings sind diese Informationen fast nur für Erwachsene bestimmt. Die DVD „Mission Bodycheck" spricht deshalb gezielt Kinder und Jugendliche zwischen 12 und 16 Jahren an. Neuproduzierte Kurzfilme und Animationen vermitteln altersgemäß und praxisnah Wissen über den Bewegungsapparat, gesunde Ernährung, Übergewicht und Esskultur. Darüber hinaus enthält die DVD einen ausführlichen DVD-ROM-Teil mit Arbeitsblättern und Zusatzinformationen.

DVD 4642232 und **Online-DVD/Mediensammlung 5552435:** Bewegungsapparat – Knochen & Gelenke, 37 Min., f, 2008
Der ganze Körper steckt voller Knochen. Ohne das Skelett als innere Stütze würde der Körper in sich zusammenfallen. Viele Knochen werden durch Gelenke so miteinander verbunden, dass Rumpf und Gliedmaßen ein hohes Maß an Beweglichkeit haben. Dabei gibt es ver-

schiedene Gelenktypen (Scharnier-, Dreh-, Sattel- und Kugelgelenk), die unterschiedliche Bewegungen ermöglichen. Dass aus der Beweglichkeit der Knochen und Gelenke Bewegung wird, ist den Muskeln zu verdanken. Sie sind über Sehnen an den Knochen befestigt und übertragen so ihre Zugkraft auf das Skelett.

In mehren Kurzfilmen werden Aufbau und Leistung des menschlichen Bewegungsapparats erläutert. Die Titel im Einzelnen:

Zielgruppen Klasse 5 und 6:
1. Aufbau des menschlichen Skeletts (6:22 Min.);
2. Aufbau und Funktion eines Gelenks (3:05 Min.);
3. Verschiedene Gelenktypen (3:50 Min.);
4. Bewegung (2:56 Min.)

Zielgruppen Klasse 7 bis 10:
5. Aufbau des menschlichen Skeletts (6:30 Min.);
6. Aufbau eines Knochens (5:42 Min.);
7. Aufbau und Funktion eines Kniegelenks (3:23 Min.);
8. Bewegung und Verletzung (5:48 Min.)

CD-ROM 6690328: Mensch 3D, 1997
Die CD informiert umfassend über alle Funktionsbereiche des menschlichen Organismus. Anschauliche Bilder und ein differenziertes Lexikon mit übersichtlicher Suchfunktion lassen den schnellen Zugriff auf Detailfragen zu.

CD-ROM 6690415: Menschenkunde 1, 2000
Die Klett Mediothek Menschenkunde 1 ist konzipiert für den Einsatz von Lehrerinnen und Lehrer in der 5. bis 10. Klasse. Die Mediothek liefert mehr als 100 Medien, wie Folienfolgen, Fotos, Trick- und Realfilme, ein Glossar, Arbeitsblätter sowie Modellversuche und Baukästen.

VHS-Video 4231524: Muskeln: Die Kraft, die Berge versetzen kann, 27 Min., f, 1979
Der Film über Aufbau und Funktion der Muskulatur verdeutlich den Wechsel von Spannung und Entspannung als Grundprinzip der Muskeltätigkeit. An einem anatomischen Präparat wird gezeigt, wie die Muskeln durch Sehnen mit dem Knochen verbunden sind. Er demonstriert, dass ihre Leistung bei arhythmischer Beanspruchung zeitlich stark begrenzt ist. Zum Schluss erläutert der Film die Steuerung der gesamten Skelettmuskulatur durch Impulse aus dem Rückenmark und in diesem Zusammenhang die Folgen Spinaler Kinderlähmung.

DVD 4640748: Knochen und Muskeln, 60 Min., f, 2004
Bewegung ist das Ergebnis von Knochen, Muskeln, Bändern, Sinnesorganen und Willen. Nur wenn alle „Bauteile des Bewegungssystems" miteinander harmonieren, kann sich der Mensch auch willkürlich bewegen. Dabei arbeiten gleich mehrere Bereiche unseres Körpers hochpräzise zusammen: die Knochen und Gelenke mit den Muskeln, Sehnen und Bändern. Gesteuert wird das Ganze vom Gehirn und von anderen Teilen des Nervensystems wie dem Rückenmark. Und weil keine Bewegung ohne Energieverbrauch möglich ist, arbeitet auch noch das Herz-Kreislauf-System mit und bringt den nötigen Brennstoff an den Ort des Geschehens: in Form von Sauerstoff oder Energieträgern wie Kohlenhydraten und Fetten.

VHS-Video 4257965: Unser Rücken, 14 Min., f, 2004
Das menschliche Skelett ist das innere Gerüst unseres Körpers. Der Rücken spielt dabei eine tragende Rolle. Aber nicht selten haben schon Kinder Rückenschmerzen. Das liegt in sehr vielen Fällen an mangelnder oder falscher Bewegung. Eine Trickdarstellung vermittelt anschaulich, wie unsere Wirbelsäule aufgebaut ist und sie in ihrer Funktion von der Rückenmuskulatur unterstützt wird. Vincent hat seit einigen Tagen Probleme mit dem Rücken, er geht zum Kinderarzt. Der Kinderarzt erklärt ihm, was er alles berücksichtigen muss, damit sein Rücken gesund bleibt. Der Film zeigt alltägliche Situationen, die die Erklärungen des Arztes veranschaulichen. Eine weitere Trickdarstellung gibt Anleitung, wie man mit ganz einfachen Übungen zu Hause etwas für seinen Rücken tun kann.

CD-ROM 6690327: Skelett 3D, 1997
Mit „Skelett 3D" erhalten Sie ein ansprechendes, außerordentlich leicht zu handhabendes Programm, das sowohl über Lage, Form und Funktion jedes einzelnen Knochens als auch über die verschiedenen Gelenkarten und alle wichtigen Partien der Skelettmuskulatur umfassend, schnell und kompetent informiert.

CD-ROM: Bewegungssystem, Biologie heute SI, Schroedel, Hannover 2006
Lernsoftware, die biologische Prozesse in Animationen wiedergibt und erläutert. Ergänzungen sind Erläuterungen der Abläufe, ein Glossar der Fachbegriffe und Möglichkeiten der Lernerfolgskontrolle.

VI.3.2 Zeitschriften
a) didaktisch

Brauner, Klaus/Etschenberg, Karla: Kompliziert und vielseitig: das Kniegelenk, in: UB Nr. 313, 2006, S. 12–14
Kniegelenke sind beweglich. Ohne sie könnte man nicht gehen oder Sport treiben. Gleichzeitig sorgen sie für Stabilität und sind sehr belastbar. Anhand des Vergleichs von Finger- und Kniegelenk erkennen die SuS, dass das Kniegelenk zugleich Scharnier- und Drehgelenk ist. Das Beispiel einer Sportverletzung zeigt, dass das Knie durch Fehlbelastungen stark geschädigt werden kann.

Dulitz, Barbara/Etschenberg, Karla/Krawczyk, Stefanie: Bewegung, in: Kompakt UB Nr. 314, 2006
Bewegung bedeutet Teamarbeit von Knochen, Gelenken und Muskeln. Die Knochen geben dem Körper Halt und Form. Beweglich wird der menschliche Körper durch Gelenke. Muskeln versetzen die Knochen dann in Bewegung. Das Kompakt enthält direkt im Unterricht einsetzbare Schülermaterialien für die Sekundarstufe I. Experimente, Modell, Abbildungen und Texte helfen den SuS, Antworten zu finden.

Etschenberg, Karla: Körperbau und Funktion, in: UB Nr. 313, 2006, S. 4–11 *(Basisartikel)*
Für den Unterricht über den menschlichen Körper gilt die „funktionelle Anatomie" als das didaktische Konzept. Die enge Verbindung von Bau und Funktion kann dabei auf zwei verschiedene Arten vermittelt werden. Man schließt von einer bekannten Leistung eines Organs auf dessen Struktur oder man schließt von bekannten Strukturen auf mögliche Funktionen. Die Beschäftigung mit dem

VI. UE: Mensch (Skelett und Bewegung)

menschlichen Körper und dessen Funktionen motiviert die SuS, Strukturen zu schützen, reguläre Funktionen zu unterstützen und damit Organschäden und Funktionsstörungen vorzubeugen.

Hedewig, Roland: Wie wird unsere Wirbelsäule bewegt? In: UB Nr. 160, 1990, S. 14–17
Wirbelgelenke, Bänder und Muskeln sorgen für eine straffe aufrechte Haltung der Wirbelsäule beim Sitzen, Stehen und Gehen. Gleichzeitig ermöglichen sie die Beugung der Wirbelsäule nach vorne, nach hinten und nach beiden Seiten sowie Drehungen. Ausgehend von Beobachtungen am eigenen Körper untersuchen die SuS, wie Muskeln bei jeder Bewegung der Wirbelsäule antagonistisch zusammenarbeiten. An zwei leicht zu bauenden Funktionsmodellen werden die Vorgänge verdeutlicht.

Jungbauer, C. G.: Die vier dorsalen Schultermuskeln – Ansatz und Wirkung, in: PdN-BioS Nr. 4, 2000, S. 23–29
In diesem Artikel wird zuerst, ausgehend von der Funktion, auf die Bewegungsmöglichkeiten des Schultergelenkes, einem Kugelgelenk, eingegangen. Dann wird die makroskopische Anatomie des Schulterblattes und des Oberarmknochens behandelt. Schließlich wird noch, nach eingehender Klärung von Ursprung und Ansatz der vier dorsalen Schultermuskeln, am Beispiel dieser Muskeln geklärt, dass man nur durch die genaue Kenntnis des Muskelverlaufs auch auf dessen Funktion schließen kann. Neben einer Methode für die praktische Anwendung im Schulunterricht enthält der Artikel auch einen Arbeitsblattvorschlag.

Klemmstein, Wolfgang: Ein eigenartiges Wirbeltier, in: UB Nr. 218, 1996, S. 36–42
Einige Eigenschaften des Menschen weisen ihn eindeutig als „Wirbeltier" aus, andere belegen seine Eigenart: u. a. der dauerhaft bipede Aufrechtgang und das Gehirn, das als hitzeempfindliches Organ besonderer Kühlung bedarf. Die SuS sammeln zunächst die Eigenschaften, die der Mensch mit anderen Wirbeltieren gemein hat, und erarbeiten dann die besondere Form seiner Wirbelsäule und das spezielle Kühlungssystem des menschlichen Gehirns.

Preuschoft, H.: Die Entwicklung des aufrechten Gangs beim Menschen, in: PdN-BioS Nr. 1, 2001, S. 24–42
Funktionsmorphologische Betrachtung im Kontext der Stammesgeschichte des Menschen

Schreiber, Silke: Ein Gruß mit Hand und Fuß, in: UB Nr. 313, 2006, S. 15–18
Kaum ein anderes Körperteil ist für den Menschen so charakteristisch wie die Hände und Füße. Die SuS lernen zunächst die Anatomie von Hand und Fuß kennen. Beide haben zwar den gleichen Grundbauplan, zeigen jedoch auch anatomische Abweichungen. Mithilfe von Egg-Races verdeutlichen sich die SuS selbstständig die anatomischen Abweichungen als Angepasstheiten an die verschiedenen Funktionen der beiden Körperteile. Abschließend schlüpfen die SuS in die Rolle von Fuß-Fachärzten, diagnostizieren Fehlstellungen des Fußes und geben Behandlungstipps.

VI.3.3 Bücher
(kapitelübergreifende Literatur in kursiver Schreibweise)

Aiello, Leslie/Dean, Christopher: An introduction to Human Evolutionary Anatomy, Academic Press, London 1990

Faller, Adolf/Schünke, Michael: Der Körper des Menschen, Thieme, Stuttgart 15/2008
Das Standardwerk für alle Fragen zum Thema.

Kapit, Wynn/Elson, Lawrence M.: Anatomie-Malatlas, Pearson Studium, München 2008

Knußmann, Rainer: Vergleichende Biologie des Menschen, Gustav Fischer, Stuttgart 1996

Rohen, Johannes W./Lütjen-Drecoll, Elke: Funktionelle Anatomie des Menschen, Schattauer, Stuttgart 2005

Rohen, Johannes W./Yokochi, Chihiro/Lütjen-Drecoll, Elke: Anatomie des Menschen, Schattauer, Stuttgart 2006

VI.3.4 Broschüren

Hildebrandt, Jan/Vooß, Gunnar: Richtige Haltung – richtiges Verhalten: Die Wirbelsäule, AOK-Informationsreihe 13. WDV Wirtschaftsdienst, Frankfurt 1986
Nach einer Information über Bau und Funktion der Wirbelsäule werden Bandscheibenbelastung und -vorfall als Ursache von Rückenschmerzen besprochen. Es folgen Tipps zur richtigen Haltung in verschiedenen Situationen, um Bandscheibenprobleme zu vermeiden.

Wessinghage, Thomas: Bewegungstherapie gegen Schmerzen, WESSP. Verlag, Nürnberg 2000
Zusammenstellung von Übungen bei Überlastung des Bewegungsapparates